受欢迎的种植业精品图书

彩图版 葡萄促早熟栽培配套技术

杨治元 陈 哲 王其松 编著

中国农业出版社

前 言

一、为什么要写这本书

我于2000年编著出版了《南方大棚葡萄栽培》、2011年编著出版了《大棚葡萄双膜、单膜覆盖栽培》两本书，现为什么还要编著出版这本书？究其原因：

1. 内容作了较大的调整和增加

《南方大棚葡萄栽培》的内容有关大棚葡萄栽培的只占一半左右，主要包括大棚葡萄栽培历史和现状，南方大棚葡萄棚架建造、棚膜管理及温、湿、气、光的调控等，涉及的品种选择、建园、架式和当年管理等内容虽与大棚栽培有一定关系，但主要为常规葡萄栽培技术。

《大棚葡萄双膜、单膜覆盖栽培》虽全书均为大棚促早熟栽培的内容，但大棚促早熟配套技术写得不多。

目前在大棚葡萄促早熟栽培实践中遇到的主要问题：一是大棚栽培促早熟效果不明显，果农称大棚不早；二是有的大棚栽培产量不稳。这两个问题在大棚葡萄新发展地区较普遍存在，影响到这些地区大棚葡萄生产的发展。

本书在总结2011年以来大棚葡萄栽培新经验、新技术基础上，主要解答葡萄大棚栽培成熟不早、产量不稳等生产问题。因此，本书内容是对前两本书内容的补充和更新。

2. 内容呈现形式不同 已出版的两本书均为文字版,《南方大棚葡萄栽培》没有技术照片,《大棚葡萄双膜、单膜覆盖栽培》仅选用了63幅彩色照片，并以插页的形式安排在书的前部，难以满足读者的阅读需求，本书图文并茂、以图为主、文字补充说明为辅的方式，介绍葡萄促早熟高效栽培新技术、新经验，从而能较好地满足读者轻松阅读的需求和习惯。

二、本书主要内容

1. 近6年全国特别是南方地区葡萄发展现状和出现的新问题 随着产业结构的调整，各地加大了葡萄种植面积，致使葡萄生产丰年有余、季节性过剩，增产不增收。怎样才能提高葡萄经济效益，途径之一是早熟和优质，即大棚促早熟栽培是提高葡萄效益的主要途径之一。

2. 为什么再次强调要发展大棚促早熟栽培 大棚促早熟栽培能增效，但大棚促早熟栽培在南方发展并不快，原因是推广力度不够，促早而不早，增效不明显。因此应加强政策引导与技术指导，使大棚促早熟栽培园增效显著。

3. 影响葡萄成熟期因子分析 共总结出影响葡萄成熟期的17个因子，只要解决好这些影响葡萄成熟期的因子，促早熟目的就能达到。

4. 大棚促早熟配套技术 是本书的重点，主要技术内容：适时封膜，调控好棚温促早熟；蔓叶数字化管理增加叶幕透光度促早熟；适产、中穗促早熟；控氮增钾促早熟；硬核期主干环剥促早熟；增加果穗部位光照促着色等。

催红剂本书不涉及，我们的理念是通过栽培措施促早熟。

全书共选用基于葡萄大棚栽培及其促早熟配套技术彩色照片525幅，其中引用晁无疾、赵奎华两位老师照片10幅，在此表示感谢。其余均为杨治元拍摄。

书中提及的实验园是海盐县农业科学研究所实验园的简称。

本书主笔杨治元，王其松、陈哲参与资料的收集与提供。

陈哲并对书稿进行了最后一次校对。

笔者才疏学浅，水平有限，书中不妥之处恳请专家、学者、读者不吝赐教！

杨治元

2017年8月于浙江海盐

杨治元联系方式：

通讯地址：浙江省海盐县农业科学研究所

浙江省海盐县武原镇（县城镇）三角子路17号

邮编：314300

电话：13706838379

目录

前言

第一章　葡萄发展现状和出现的新问题 …… 1

一、葡萄发展现状 …… 1

（一）全国葡萄种植面积和产量 …… 1
（二）南方葡萄21世纪的快速发展 …… 2

二、出现的新问题 …… 3

（一）葡萄销售出现新情况 …… 3
（二）工价年年涨，种植大户亏本面在增加 …… 4
（三）少数地区种植面积开始下降 …… 8

第二章　为什么再提出发展大棚促早熟栽培 …… 10

一、大棚促早熟栽培优越性 …… 10

（一）提早上市能增收 …… 10
（二）避灾、减灾能增效 …… 16
（三）避免霜霉病发生能增收 …… 20
（四）缓解旺销期葡萄销售难问题 …… 22

二、南方葡萄大棚促早熟栽培为什么发展不快 …… 22

（一）缺乏引导 …… 22
（二）缺乏指导 …… 24

三、加快葡萄大棚促早熟栽培技术推广 ……25
（一）列为政府办实事工程 ……25
（二）农技推广部门加强引导和指导 ……25

第三章　影响葡萄成熟期因子分析 ……26

一、葡萄物候期 ……26
二、相同条件下葡萄成熟期存在较大差异 ……26
（一）早晚熟品种成熟上市期互变 ……26
（二）露地栽培葡萄 ……27
（三）大棚栽培葡萄 ……27
三、影响葡萄果实着色的因素 ……28
（一）光照 ……28
（二）温度 ……29
（三）养分积累状况 ……29
（四）水分 ……29
（五）植物生长调节剂 ……30
四、影响葡萄成熟期因子 ……30
（一）大棚因子 ……30
（二）栽培因子 ……33
五、大棚促早熟栽培配套技术到位，促早熟效果显著 ……35

第四章　大棚促早熟栽培技术 ……36

一、根据各地条件发展大棚促早熟栽培 ……36
（一）以单膜覆盖栽培为主的产区适当发展双膜覆盖栽培 ……36

（二）以避雨栽培为主的产区应发展单膜覆盖栽培，搞一部分双膜覆盖栽培 ……37

二、大棚架搭建 ……37

（一）建棚要点 ……37
（二）钢管连栋大棚 ……38
（三）毛竹连栋大棚 ……39
（四）钢丝连栋大棚 ……39
（五）一行葡萄一个棚的连体大棚 ……40
（六）单栋大棚 ……42
（七）避雨棚改成大棚 ……42
（八）双膜覆盖栽培大棚 ……43

三、选好、盖好、管好棚膜 ……46

（一）棚膜选择 ……46
（二）覆好棚膜，密封要好 ……48
（三）双膜覆盖栽培的覆膜 ……49
（四）棚膜管理 ……50

四、封膜、揭膜期 ……50

（一）适时封膜 ……50
（二）适时揭双膜覆盖栽培的内膜、围膜和顶膜 ……53

五、增温期调控好棚温，增加有效积温，防止热害 ……57

（一）棚温调控重要性 ……57
（二）封膜后至揭围膜增温阶段棚温调控 ……57

第五章　用好破眠剂，提高叶幕透光度促早熟 ……63

一、石灰氮、氰氨涂结果母枝 ……63

（一）南方应普遍使用破眠剂 ……63

（二）破眠剂选择和使用 ……65

二、蔓叶管理，叶幕有较好的透光度……66

（一）按品种叶片大小和果实日灼难易程度定合理定梢量 ……66
（二）第一次6叶一次性水平剪梢 ……70
（三）6叶剪梢+9叶摘心 ……76
（四）“6+4”叶剪梢+5叶摘心 ……78
（五）不留副梢省工栽培 ……80

第六章 适产栽培、中穗栽培促早熟 ……84

一、适产栽培比高产栽培成熟早 ……84

（一）超量挂果高产栽培弊害多 ……84
（二）控产栽培好处 ……85
（三）按果实销售价格定产量 ……87
（四）按果穗大小定穗、控产 ……88
（五）适时定穗，要一次定穗 ……89

二、中穗栽培，有利提早成熟 ……89

（一）大果穗栽培弊害多 ……89
（二）中穗栽培好处 ……93
（三）认真整花序、整果穗、疏果粒 ……94

三、选好、用好无核剂（保果剂）和果实膨大剂…… 107

（一）植物生长调节剂对人体无害 …… 107
（二）选好、用好果实膨大剂 …… 107
（三）夏黑、早夏无核葡萄保果、果实膨大栽培 …… 108
（四）阳光玫瑰葡萄无核、膨大栽培 …… 113
（五）醉金香葡萄无核栽培 …… 116
（六）藤稔葡萄超大果栽培 …… 119
（七）鄞红葡萄保果、膨大栽培 …… 121

第七章　减氮增钾栽培促成熟 …… 123

一、超量施肥表现 …… 123

（一）全年超量施肥 …… 123
（二）前期超量施肥 …… 123
（三）单肥种超量施用 …… 124
（四）一次超量施肥 …… 124
（五）不分品种需肥特性相同用肥量 …… 124

二、超量用肥害处 …… 125

（一）推迟成熟 …… 125
（二）土壤溶液浓度过高，肥害伤根 …… 125
（三）肥料利用率降低，污染环境 …… 126
（四）树体生长不协调，病害加重，果品质量下降 …… 126
（五）增加施肥成本 …… 127

三、科学施肥量的确定 …… 127

（一）按品种需肥特性施肥 …… 127
（二）要根据树体长势施肥 …… 130
（三）全年施肥量参考值 …… 131

四、实验园减肥栽培实践 …… 132

（一）实验园施肥调减实践 …… 132
（二）实验园减肥栽培实践 …… 133
（三）强化叶面肥使用 …… 135

五、转变观念，改变习惯，逐步减少施肥量 …… 136

第八章　主干环剥促着色 …… 137

一、环剥三个时期与作用、环剥部位 …… 137

（一）环剥三个时期与作用 …… 137
（二）环剥部位 …… 138
二、促着色提早成熟环剥时期和部位 …… 138
（一）促着色提早成熟环剥时期和部位 …… 138
（二）不同熟期品种开始开花至环剥期天数参考值 …… 138
三、环剥促着色提早成熟效果 …… 139
（一）实验园环剥对比试验 …… 139
（二）生产园环剥效果 …… 141
四、环剥技术 …… 143
（一）环剥口宽度和环剥深度 …… 143
（二）环剥方法与工效 …… 143
（三）注意事项 …… 145
（四）环剥存在的问题 …… 146
五、推广主干环剥促着色技术 …… 148
第九章　增加果穗部位光照促着色 …… 149
一、影响果穗光照的因子 …… 149
二、提高果穗受光量促着色 …… 149
（一）葡萄围网防鸟果穗不套袋 …… 149
（二）叶幕要有较好的透光度促果穗着色 …… 151
（三）适时摘除基部3张叶片促果穗着色 …… 153
（四）增加棚内果穗光照促果穗着色 …… 156
（五）红地球葡萄增加每个果穗受光量促着色 …… 158

第一章 葡萄发展现状和出现的新问题

一、葡萄发展现状

（一）全国葡萄种植面积和产量

2010年全国葡萄种植面积827.9万亩，产量854.9万吨。2015年全国葡萄种植面积1 199.0万亩*，产量1 367.2万吨。5年面积增加44.8%，产量增加59.9%。

注：亩为非法定计量单位，1亩=1/15公顷。——编者注

2014年全国鲜食葡萄产量900万吨，占全国葡萄产量的71.8%。按全国13.7亿人口计，人均鲜食葡萄6.6千克。

2014年全世界葡萄产量6 900万吨，其中鲜食葡萄产量2 055万吨，占29.8%。按全世界72亿人口计，人均鲜食葡萄2.9千克。

我国鲜食葡萄产量占世界鲜食葡萄产量的43.8%，人均鲜食葡萄为世界人均的2.28倍（亓桂梅，2015）。

（二）南方葡萄21世纪的快速发展

2015年南方葡萄种植面积430万亩，占全国葡萄种植面积35.9%；产量453.8万吨，占全国葡萄产量的33.2%。

2010年南方葡萄种植面积221.9万亩，占全国葡萄种植面积26.8%；产量221.5万吨，占全国葡萄产量的26.8%。

5年面积增加93.%，产量增加104.9%。

以前广东葡萄种植面积不大，海南不种葡萄。近年广东葡萄种植在快速发展，海南葡萄种植成功并开始发展。

二、出现的新问题

（一）葡萄销售出现新情况

葡萄售价在下降。2014年全国鲜食葡萄开始出现供大于求。2014年、2015年各葡萄产区葡萄旺销期出现价格下降，卖葡萄较难。2016年虽有所好转，但不少葡萄产区葡萄旺销期价格上不去。

我国葡萄出口仅10多万吨，不到全国葡萄产量的1%，微不足道。

鲜食葡萄通过冷藏再销售量不大。新疆、辽宁建有较多的冷藏库，其他产区冷藏库不多，全国通过冷藏延长销售期量不大。

因此，葡萄产区主栽品种销售期较集中，旺销期价格下降是必然趋势。

北京超市2015年葡萄销售价格（晁无疾，2015.08.18）

（二）工价年年涨，种植大户亏本面在增加

目前，葡萄面积较大的种植户主要靠临时工干活，临时工年纪大、效率较低，且工资年年在增长。浙江杭州富阳区2015年每天男工200元，女工150元，已经预示其他地区工价越来越高。

部分地区临时工以女工为主，且年龄基本在50岁以上。

浙江海盐60多岁的女工在铺黑色地膜、翻地、挖沟

浙江海盐60多岁的女工在松土、施肥、除草

浙江海盐60多岁的女工在刈沟边草、盖棚膜

浙江海盐60多岁的女工在冬剪、整新梢、抹梢

浙江海盐60多岁的女工在剪顶端新梢

浙江海盐60多岁的女工在抹梢

浙江嘉兴南湖区60多岁的女工在疏果、用膨大剂处理果实

浙江海宁、海盐60多岁的女工在喷药、剪烂果

据调查，南方管理好1亩葡萄要50个工左右，北方55个工左右。用工成本居高不下。

部分葡萄种植面积较大的园，管理不到位，果实质量较差，价较低，成本增加，亏本面在扩大。

调查发现：浙江一块120亩葡萄园，年销售产值仅80万元；江苏一块170亩葡萄园，年销售产值仅70万元；浙江人在广西南宁种植300亩葡萄园，销售产值仅100万元。

据调查，浙江人到云南种葡萄的有200多人，种植面积5万多亩，半数是亏本。当然也有种得较好的，亩产值3万～4万元，但仅是少数。

（三）少数地区种植面积开始下降

2013年以来，葡萄销售价格下降较明显地区，葡萄种植面积较大的园，近几年效益不好，有的园连续亏本，只能翻掉葡萄树改种其他作物，致使这些地区葡萄种植面积下降。

浙江台州市路桥区蓬街镇超藤葡萄合作社社长周继顺告知：该社2010年葡萄种植面积6 000多亩。2013年以来葡萄效益下降，有的园连续亏本，加之一些园土地流转期已到，致使葡萄种植面积逐年减少，到2016年已减至2 000亩，约减少了67%。

江苏常州礼嘉镇夏黑葡萄园1万多亩，面积太大，品种单一，售价较低，效益不好，2017年出现部分翻园。

江苏常州礼嘉镇效益不好的葡萄园准备翻园（2017.04.12）

浙江台州市路桥区蓬街镇超藤葡萄合作社翻掉的葡萄园（2016.02.09）

浙江省种植葡萄的86个县（市、区），2015年比2013年种植面积下降的有18个县（市、区）。

全国列入统计的27个省、自治区、直辖市，2015年比2013年种植面积下降的有吉林、宁夏、湖南等3个省、自治区。

第二章 为什么再提出发展大棚促早熟栽培

一、大棚促早熟栽培优越性

葡萄采用以大棚促早栽培为基础的促早熟整套栽培技术，比避雨、露地栽培提早成熟20～40天，能缓解葡萄集中上期、销售难的矛盾，提高效益，体现在以下4个方面。

（一）提早上市能增收

各地葡萄销售价格调查，相同品种、相同质量，提早销售10天，每千克果实售价提高2元左右。按亩产1 500千克计，亩产值可提高3 000元。提早销售20～40天，亩产值可提高5 000元以上。

1. 实验园大棚栽培促早熟效果

实验园夏黑葡萄大棚单膜覆盖栽培，1月20日封膜，4月10日前后开始开花，6月下旬采收上市销售，比避雨栽培提早成熟20多天。

实验园早夏无核葡萄，大棚双膜覆盖栽培，1月1日封膜，3月19日开始开花，6月上旬采收上市销售，比避雨栽培提早成熟40多天。

实验园夏黑葡萄单膜覆盖栽培成熟果穗（2013.06.25）

实验园早夏无核葡萄2015年种植，亩栽60株，2016年每株挂果30串，亩挂果1 800串，亩产量1 080千克（2016.06.05）

实验园阳光玫瑰葡萄，大棚单膜覆盖栽培，1月20日封膜，4月10日开始开花，7月下旬至8月上旬采收上市，比避雨栽培提早成熟20多天。

实验园阳光玫瑰葡萄成熟果穗（2016.07.25）

实验园红地球葡萄单膜覆盖栽培，1月20日封膜，4月15日前后开始开花，7月25日至8月10日采收上市，比避雨栽培提早成熟20多天。

实验园红地球葡萄成熟果穗（2012.08.05）

2. 生产园大棚栽培促早熟效果调查

（1）浙江海盐于城镇构塍村顾志坚　2007年种5.5亩红地球葡萄，年增加至8.2亩。2011—2016年大棚促早熟单膜覆盖栽培，7月中旬至下旬采收上市，比避雨栽培提早成熟40多天，6年平均亩产2 357千克，每千克果平均售价13.67元，亩产值33 200元。

2011年亩产量2 237千克，每千克果售价12.00元，亩产值28 500元；

2012年亩产量2 310千克，每千克果售价13.60元，亩产值31 500元；

2013年亩产量2 460千克，每千克果售价14.60元，亩产值35 900元；

2014年亩产量2 490千克，每千克果售价14.49元，亩产值36 100元；

2015年亩产量2 462千克，每千克果售价12.80元，亩产值31 540元；

2016年亩产量2 186千克，每千克果售价14.67元，亩产值32 073元。

浙江海盐于城镇构塍村顾志坚：红地球葡萄单膜覆盖栽培，2016年1月7日封膜，3月29日开始开花，6月25日至7月18日采收上市（2016.06.27）

（2）浙江嘉兴南湖区凤桥镇林根　6亩藤稔葡萄2014年三膜覆盖栽培，12月20日封膜，3月9日开始开花，5月28日至6月11日采收上市。亩产1 000千克，每千克果实平均售价23.4元，亩产值23 400元。

浙江嘉兴南湖区凤桥镇林根：6亩藤稔葡萄三膜覆盖栽培，5月28日开始采收（2014.05.30）

（3）浙江台州路桥区蓬街镇周善兵　夏黑葡萄双膜覆盖栽培，2013年5月11日至5月25日采收上市，亩产1 299千克，每千克果售价20元，亩产值22 000元。

浙江台州路桥区蓬街镇周善兵：夏黑葡萄双膜覆盖栽培成熟果穗（2013.05.09）

（4）浙江玉环县清港镇　红地球葡萄3 000亩，全部大棚栽培，其中双膜覆盖栽培占50%。6月15日开始采收上市，7月中旬基本售完，比避雨栽培提早上市30多天。亩产量平均1 900千克，

每千克果实平均售价10.5元，亩产值达2万元。是南方红地球葡萄亩产值最高的县。比避雨栽培（每千克果售价按6.50元计）亩增值7 600元。

浙江玉环县清港镇凡海村红地球葡萄双膜覆盖栽培，5月底开始着色（2016.05.31）

（5）浙江三门县浦坝港镇方才会　80亩葡萄，其中：夏黑20亩，藤稔34亩，醉金香20亩，巨玫瑰6亩，全部大棚三膜覆盖栽培，6亩用锅炉加温防冻害。夏黑5月10 ～ 25日采收上市；藤稔5月15 ～ 30日采收上市；醉金香5月20日至6月5日采收上市。每千克果售价：夏黑16元，藤稔、醉金香、巨玫瑰20元。亩产值平均2万元，连续4年总产值160万元，当年成本60万元，盈利100万元。

浙江三门县浦坝港镇方才会：80亩葡萄三膜覆盖栽培，醉金香葡萄采收上市（2016.06.01）

（6）浙江象山县晓塘乡蒋后 40亩夏黑葡萄，双膜覆盖栽培20亩，单膜覆盖栽培20亩。2016年双膜覆盖栽培5月30日开始采收上市，每千克果售价16元，亩产值25 000元。单膜覆盖栽培亩产值18 000元。

浙江象山县晓塘乡蒋后：待采收上市的夏黑葡萄（2016.06.04）

（二）避灾、减灾能增效

葡萄生产常遭遇自然灾害，促早熟栽培，可提早成熟20 ~ 40天，能有效地起到避灾、减灾效果。

1.减轻台风（热带风暴）危害 东南沿海葡萄产区容易遭台风（热带风暴）危害，如葡萄上市前遭遇危害，损失惨重。促早熟栽培可提早采收上市，能避开台风（热带风暴）危害，果实不损失。

⑴ 浙江宁波 唐国平：2015年200亩鄞红葡萄，70亩大棚双

浙江宁波江北区洪塘镇唐国平：鄞红葡萄2015年70亩双膜覆盖栽培，7月10日台风前果实售完（2015.04.18）

膜覆盖栽培，7月10日台风前果实售完，收入90多万元。130亩单膜覆盖栽培，覆膜较晚，台风前果实未成熟，果实基本被狂风刮破，损失惨重。

（2）浙江嘉兴

①中熟品种醉金香、藤稔葡萄

避雨栽培：始花期5月10日前后，中等产量，开始成熟销售期8月上旬。

单膜覆盖栽培：1月中旬封膜，4月10日前后开花，开始成熟销售期7月上旬，应用控产、勤调棚温、环剥、不套袋技术，开始销售期可提前至6月下旬。

双膜覆盖栽培：12月下旬封膜，翌年3月下旬开始开花，开始成熟销售期6月中旬，应用控产、勤调棚温、环剥、不套袋技术，开始成熟销售期可提前至6月上旬。

②晚熟品种红地球葡萄

避雨栽培：始花期5月10日前后，开始成熟销售期8月下旬。

单膜覆盖栽培：1月中旬封膜，4月10日前后始花，开始成熟销售期7月下旬，应用促早技术销售期可提前至7月中旬。

双膜覆盖栽培：销售期可提前至7月上旬。

嘉兴台风侵入期主要在8月上、中旬，葡萄能在7月销售完，则台风对葡萄果实危害大大减轻。

（3）浙江台州　品种为藤稔葡萄。

避雨栽培：始花期3月底，开始成熟销售期7月中旬。

单膜覆盖栽培：上一年12月下旬封膜，3月下旬开始开花，开始成熟销售期6月中旬。

双膜覆盖栽培：上一年12月20日前后封膜，开始开花期3月中旬，开始成熟销售期6月上旬。

浙江台风侵入期主要在8月上、中旬。据记载，1986—2012年27年中台风在浙江登陆22次，其中7月4次，8月11次，9月7次。

台州、温州葡萄在7月10日前销售完，宁波、舟山葡萄在7月

20日前销售完，嘉兴葡萄在7月底前销售完，均能大大减轻台风对葡萄果实的危害。

2.减轻、避免寒潮袭击导致冻害 2016年1月23日北方“霸王级”超强寒潮袭击浙江全省。1月24日、25日全省各地最低气温降至各地自有气象记载以来极值，或接近极值。湖州地区降至–11 ~ –10℃，嘉兴、杭州、金华、衢州地区降至–10 ~ –8℃，有些高山地区降至–20 ~ –15℃。对已萌芽和新梢生长的大棚葡萄园冻害威胁严重。

浙江海盐6个葡萄园6时测其气温和棚内温度：1月24日、25日、26日葡萄园最低气温分别降至–8 ~ –7℃、–10 ~ –9℃、–6℃。这次低温比海盐2010年3月10日最低气温还低5 ~ 6℃，是浙江大棚葡萄20年栽培中萌芽后遇到温度最低的一次。

在这次防冻害实践中，大棚栽培发挥了决定性的作用。最低气温降至–10 ~ –9℃的嘉兴地区，三膜+畦沟灌满水、三膜+加温、三膜+熏烟均能防好最低气温为–10 ~ –9℃的冻害。三膜+畦沟灌满水+加温棚最低温度比棚外高13℃。

浙江嘉善县天凝镇高月娥：三膜+畦沟灌满水，1月24日6时棚外气温降至–9℃，棚内0℃，未发生冻害（2016.01.28 ~ 02.22）

浙江海盐贺明华：5.6亩葡萄，三膜+畦沟灌水+烧煤加温，1月24日棚外–9℃，棚内4℃，未发生冻害（2016.01.26 ～ 02.14）

3.减轻雨灾 安徽合肥郊区、卢江、芜湖、巢湖、马鞍山等地，2016年6月底至7月5日连续降大暴雨，不少葡萄园受涝，淹水1天、2天、3天，长的达4天，避雨栽培、露地栽培葡萄园损失较大。这些地区夏黑葡萄如采用大棚促早熟栽培，6月底葡萄可采收完，可大大减少因雨涝造成的损失。

安徽无为朱嗣军：夏黑葡萄大棚双膜覆盖栽培，6月中旬采收上市（2012.06.15）

4.减轻冰雹灾害 浙江嘉兴南湖区、海盐县2009年6月5日遭冰雹危害，露地巨峰葡萄叶片、果穗全部被冰雹打光，设施栽培棚膜上每平方米打穿23个孔，蔓、叶、果受损仅10%左右。

嘉兴南湖区巨峰葡萄冰雹危害状（2009.06.08）

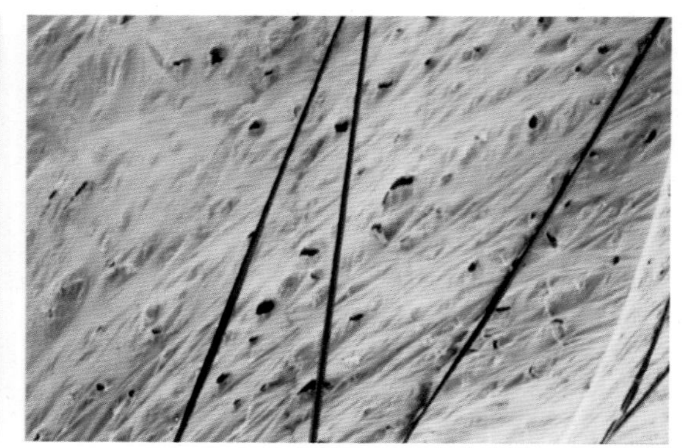

大棚葡萄棚膜上每平方米打穿23个孔，蔓、叶、果受害10%左右（2009.06.08）

5.减轻热害 浙江海盐2013年7月1日至8月14日，最高气温35℃以上39天；2016年7月20 ～ 29日连续10天最高气温超过35℃。其他地区最高气温超过35℃以上天数比海盐多。气温连续超过35℃，醉金香、巨玫瑰等不耐高温的品种会软果。

大棚促早熟栽培配套技术到位，早、中熟品种在高温期前采收完，中晚熟品种在高温期前多数已采收上市，可减轻高温危害。

（三）避免霜霉病发生能增收

南方葡萄露地栽培，近几年5月多雨天气霜霉病控制不住；中、东部地区6月至7月上旬“黄梅期”遇连续阴雨，霜霉病暴发；遇秋雨绵绵天气，霜霉病再次发生，秋叶早落，导致下一年花序少、花序小，产量下降。霜霉病已成为南方中、东部地区露地栽培较难种好葡萄的主要制约因子。

葡萄大棚覆膜栽培，覆膜期蔓、叶、果不受雨淋，不发生霜霉病，产量稳定，增收增效。

葡萄叶片、花穗、果实、新梢霜霉病为害状

（四）缓解旺销期葡萄销售难问题

各葡萄产区都有主栽品种，销售期较集中。葡萄销售难主要表现在集中销售期，如能规划好10% ~ 50%面积的促早熟栽培，集中销售期葡萄上市量相应减少10% ~ 50%，则葡萄集中上市期销售价格相对能稳定。

二、南方葡萄大棚促早熟栽培为什么发展不快

南方科研院所20世纪90年代就开始进行葡萄大棚促早熟栽培实践与研究。海盐县农业科学研究所葡萄实验园于1992年就开始葡萄大棚促早熟栽培实践，1998年海盐果农已开始种植大棚葡萄。进入21世纪，嘉兴、宁波、台州3个地区大棚葡萄栽培发展较快，2015年3个地区葡萄种植面积达28万亩，大棚促早熟栽培面积达90%，已基本实现大棚化。

可是，浙江其他地区葡萄大棚促早熟栽培面积不大，南方其他地区葡萄大棚促早熟栽培面积也不大。笔者外出上课一直推广大棚促早熟栽培技术，2006—2011年赴江苏常州一个镇连续上课6年，每次均讲葡萄大棚促早熟栽培能增效，并举了大量实例，但果农就是不接受这一技术。为什么？笔者也一直在思考这个问题。

（一）缺乏引导

有人说大棚促早熟栽培投资较大，影响大棚促早熟栽培推广。笔者不认同这个说法。上海及苏南经济很发达，为什么大棚面积不大。

通过调查分析，主要原因是缺乏引导与指导。

江苏宝应是苏北地区，不是葡萄产区，经济也不很发达，海盐朱利良2010年去宝应种了100亩红地球葡萄，大棚促早熟栽培，效益较好，带动了一批农民种大棚葡萄。

江苏北部邳州，浙江金华一位果农2010年在邳州种大棚葡萄，双膜覆盖栽培，种得较成功，果农跟着种大棚葡萄，多数双膜覆盖栽培，至2016年已种植1 500多亩。而且影响到安徽的宿州和萧县，2016年葡萄大棚栽培宿州已达1 000多亩，萧县也达500多亩。

笔者2010年4月赴江苏常州礼嘉镇考察，徐昭、秦怀刚各种植了2亩大棚葡萄。2013年4月再到该镇考察，大棚栽培还是徐昭、秦怀刚两户，但徐昭大棚栽培面积已扩大至10亩，其他没有发展。2017年3月赴该镇授课，情况大变，有50多户种植大棚葡萄，面积已达500多亩，多数是钢管大棚。近2年为什么大棚葡萄开始发展，原因是徐昭、秦怀刚大棚葡萄效益比露地栽培增加1倍多，果农看到大棚葡萄效益好，加上有徐昭、秦怀刚两户引导，带动起来。

江苏常州礼嘉镇徐昭：30亩钢管大棚葡萄（2017.04.12）

江苏常州礼嘉镇秦怀刚：20亩钢管大棚葡萄（2017.04.12）

江苏常州礼嘉镇田自杨：60亩钢管大棚葡萄（2017.04.12）

江苏常州礼嘉镇朱建方：7亩钢管大棚葡萄（2017.04.12）

云南葡萄原均是露地栽培，自2010年浙江果农到云南种植葡萄，且多为大棚促早熟栽培以来，当地果农也学会了大棚促早熟栽培技术，葡萄大棚促早熟栽培才逐步在云南发展。

在此之前种葡萄的果农不是不想搞大棚促早熟栽培，而是缺乏经验怕种不好。因此，葡萄大棚促早熟栽培缺乏经验地区，要发展大棚促早熟栽培，引导非常重要。

（二）缺乏指导

浙江嘉兴、宁波、台州三地区，在葡萄大棚促早熟栽培发展过程遇到过不少问题。主要有：

1.大棚促早熟栽培成熟不早　正如当地果农所说："大棚促早而不早"，有的园比避雨栽培尽提早成熟几天，增效不明显。

2.大棚促早熟栽培产量不稳　在开始发展大棚促早熟栽培过程中，有些园上年搞大棚促早熟栽培产量较高，第二年花序少、花序小。

3.雪灾、冻害　大棚促早熟单膜覆盖栽培要在当地避雨栽培萌芽前40 ～ 50天封膜，双膜覆盖栽培要在当地避雨栽培萌芽前60 ～ 80天封膜，雪灾、冻害概率增加。

2010年3月10日清晨浙江多数地区最低气温降至–4 ～ –3℃，全省已萌芽园和新梢生长园不同程度受冻害的有10 000多亩。

上述3个问题在大棚葡萄促早熟栽培发展过程中都会遇到，但要分析研究大棚成熟不早、产量不稳、低温受冻害的原因，并通

过实践找到解决这三大问题的办法，定能促进大棚促早熟栽培走上稳定发展的道路。

有些地方大棚葡萄刚起步遇到上述3个问题，害怕了，加之缺乏技术指导，就不敢再进行大棚促早熟栽培了。

三、加快葡萄大棚促早熟栽培技术推广

南方葡萄采用大棚促早熟栽培能显著增效，应加快葡萄大棚促早熟栽培技术的推广。

（一）列为政府办实事工程

葡萄大棚促早熟栽培面积很小或基本没有发展的地区，当地政府应把发展大棚促早熟栽培列为办实事工程，定出实施措施，抓好落实，坚持数年定能见效。

（二）农技推广部门加强引导和指导

定好示范园，种好示范园，示范园见成效，就会带动周边果农发展大棚葡萄。在发展过程中加强技术培训和技术指导，认真解决大棚促早熟栽培中出现的问题，逐步形成当地大棚促早熟栽培的技术规程，果农掌握了就能种好大棚促早熟栽培的葡萄。这是海盐县推广大棚促早熟栽培的经验，很有成效。

第三章

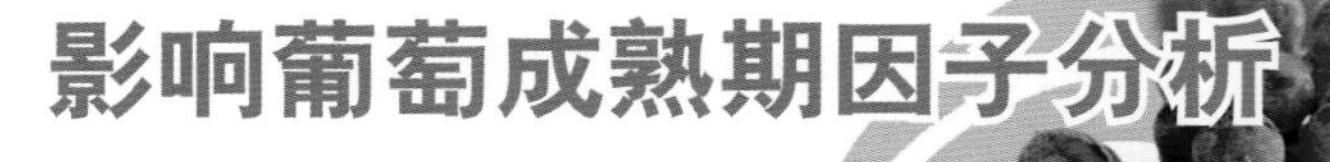

影响葡萄成熟期因子分析

一、葡萄物候期

葡萄品种类型较多，从萌芽至果实成熟经历天数品种间相差较大，可根据所经历天数不同，分为特早熟、早熟、中熟偏早、中熟、晚熟偏中、晚熟、极晚熟类型。

《中国葡萄志》按葡萄品种对活动积温需要量和萌芽至果实成熟生长日数，分为极早熟、早熟、中熟、晚熟、极晚熟类型。

不同成熟期的葡萄品种对活动积温的需要量（从萌芽开始至果实完全成熟）

成熟期	活动积温（℃）	生长日数（天）	代表品种
极早熟	2 100 ～ 2 300	≤120	早夏无核
早熟	2 300 ～ 2 700	120 ～ 130	夏黑、维多利亚
中熟	2 700 ～ 3 200	130 ～ 150	巨峰、藤稔、巨玫瑰、鄞红
晚熟	3 200 ～ 3 500	150 ～ 180	红地球、阳光玫瑰
极晚熟	≥3 500	≥180	秋红、温克

二、相同条件下葡萄成熟期存在较大差异

（一）早晚熟品种成熟上市期互变

早熟品种迟至与晚熟品种同期上市，晚熟品种早至与早熟品

种同期上市。如浙江海盐早熟夏黑葡萄双膜覆盖栽培多数在6月份成熟上市，个别园单膜覆盖栽培迟至9月与避雨栽培晚熟的红地球葡萄同期上市。

浙江海盐晚熟红地球葡萄单膜覆盖栽培在6月底开始上市，7月销售完，与早熟夏黑葡萄避雨栽培同期上市。

以上情况各地也存在。

（二）露地栽培葡萄

同一产区、相同品种，成熟期相差较大，有的相差10 ~ 20天，甚至超过30天。

笔者多次赴江苏常州市授课，调查到殷建平藤稔、夏黑葡萄露地栽培，成熟期比周边园早上市10 ~ 15天。

（三）大棚栽培葡萄

同一产区、相同品种，有的大棚单膜覆盖栽培与避雨栽培成熟期相差不大，有的同期成熟，这些现象各地都有存在，尤其是缺乏大棚栽培经验的地区这种情况较多，大棚促早而不早。

笔者赴湖北公安、安徽合肥授课，果农反映，大棚促早栽培成熟不早是大棚葡萄发展慢的原因之一。

葡萄大棚栽培已有较丰富经验的浙江嘉兴地区，同样存在以下情况：

1.相同品种同期封膜葡萄销售期相差10天以上　2007年跟踪调查浙江嘉兴两块醉金香葡萄双膜覆盖栽培园，同于1月21日封膜，陈剑明园6月19日开始上市；张全英园7月1日开始上市，相差12天。

2.相同品种不同封膜期同期销售　2013年浙江海盐贺明华、金建林、吴明三块藤稔葡萄双膜覆盖栽培园，封膜期分别为12月15日、12月25日、翌年1月1日，同于6月3日开始销售葡萄。封膜期早16天同期销售。

3.相同品种双膜比单膜覆盖栽培销售晚　2016年调查浙江海

盐顾志坚、徐明两块红地球葡萄园，顾志坚园单膜覆盖栽培，1月5日封膜，6月23日开始销售，7月18日售完；徐明园双膜覆盖栽培，12月26日封膜，7月初开始销售，8月10日去调查只销售一半，至9月初才售完。双膜覆盖栽培园与单膜覆盖栽培园比较，封膜期提早10天，开始销售期晚8天，结束销售期晚45天。

三、影响葡萄果实着色的因素

色泽是评价葡萄浆果品质的重要指标，也是葡萄商品果的主要卖点。

决定果色的主要色素是花色素，在果实中以糖苷的形式存在于细胞的液泡中，因此又称花色苷。另外，类胡萝卜素、叶绿素在葡萄着色中起辅助作用。

花色素主要存在于葡萄表皮层内。花色素的合成受结构基因和调节基因双基因控制，具有特定的时空调节机制。影响花色素形成的因素很多，除品种因素外，光照、温度、水分、激素、果实中养分积累等都能影响花色素的合成。

（一）光照

花色素合成过程中光照最为重要，因为光是花色素合成的诱导因子，其过程或者需要光，或者光能提高其合成能力。花色素含量随光照强度的增强而增加，光照强着色好。

光质对果实着色也很重要，直射光与散射光对葡萄着色影响较大。实验园在30年中种植过114个有色品种（红色、紫色、黑色），红地球、红芭拉多葡萄主要靠直射光着色，散射光着色效果较差；多数葡萄品种散射光也能着好色，直射光着色更好。

研究认为，光影响花色素形成的机制是：通过光合作用提供充足的物质基础；光能促进乙烯、ABA合成，提高其含量，限制赤霉酸活性，从而削弱对花色素的抑制作用；通过光敏色素促进各种酶的合成和活化。

（二）温度

温度对花色素合成影响较大的两个时期：

一是适温期。果实着色期最高气温（包括棚温，下同）33℃以下，昼夜温差大，碳水化合物积累多，为花色素合成提供了较多的物质，有利着色。

二是高温期。果实着色期最高气温33℃以上，影响花色素形成，最高气温35℃以上时间较长，已形成的花色素会分解，影响着色。

（三）养分积累状况

糖是花色素合成的原料，果实中花色素含量随着糖量增加而增加。影响养分积累主要栽培因素：

1.高产栽培，大穗栽培，超大粒栽培 因树体负载量过大，影响花色素合成，影响着色，延期成熟。

2.肥料施用 果实着色期高氮不利于糖的积累。果实着色与叶片中氮含量呈负相关，氮素偏多，树体营养生长加强，促进了糖分转化成氨基酸和蛋白质，降低了果实中糖分的积累；氮素能促进果实中叶绿素合成，不利于果实着色。

果实着色期与钾含量呈正相关。钾离子是果实糖代谢途径中酶类的活化剂，既能促进果实中糖的积累，又能促进糖分由叶片和枝蔓向果实运输，从而提高果实含糖量，有利花色素合成。

磷对果实着色有利。

钙可以增加浆果的糖分和香味。

缺镁致叶绿素减少，影响光合作用，糖分积累少，影响花色素形成。

硼有利于芳香物质形成，可提高糖度，改善浆果质量。

（四）水分

水分与花色素形成、分解关系密切，并与温度共同作用影响

花色素含量和稳定性。

果实成熟期灌水或降水过多，使果皮细胞含水量过大，从而降低糖、酸和花色素的浓度，影响果实着色。

较干燥土壤虽有利糖分增加，但土壤过于干燥影响蔓、叶生长和果实膨大，必须从有利蔓、叶生长和果实膨大出发，及时供水。

果实着色成熟期，遇高温少雨天气，必须及时供水。

（五）植物生长调节剂

乙烯是一种植物生长调节剂，能促进叶绿素分解、色素的形成、有机酸的转化和果实芳香物质的形成。乙烯可通过影响膜透性增加糖分流通和积累，能直接调节花色素合成的生理生化过程，促进花色素的合成，促使果实着色。

ABA是色素形成的关键诱因，果实在着色成熟期，果实内ABA含量增多，能促使果实内乙烯的合成，从而促进果实花色素合成和积累，有利果实着色成熟。

四、影响葡萄成熟期因子

影响葡萄成熟期因子很多，但主要为以下两个方面的因子。

（一）大棚因子

1.封膜期早与晚 在适期封膜范围内，相同的棚温管理，封膜早比封膜晚要提早萌芽、开花、成熟，早封膜15天可提早成熟5 ~ 7天。

浙江嘉兴位于钱塘江江北，大棚单膜覆盖栽培于1月中旬封膜，4月10日前后开始开花，藤稔、醉金香等中熟品种6月下旬开始成熟上市。

浙江杭州、绍兴、宁波位于钱塘江江南，大棚单膜覆盖栽培于2月中旬封膜，4月底开始开花，藤稔、醉金香等中熟品种7月

中旬开始成熟上市。

大棚单膜覆盖栽培，嘉兴比杭州、绍兴、宁波封膜期早30天左右，葡萄成熟上市期早10～15天。

2.棚膜选择新与旧 多年观察调查，同园同期封膜，旧棚膜比新棚膜萌芽期晚7天左右，成熟期要晚2～3天。

旧棚膜透光度比新棚膜差，据测定，棚内光照度为棚外光照度：新膜为70%左右，旧膜为60%左右，从而影响果实着色，成熟推迟。

3.棚膜连接处与落地处密封度好与差 密封度好的大棚，增温期保温性能好，有效积温增加多，能提早萌芽、开花、成熟。

密封度不好的大棚，增温期保温性能差，有效积温增加不多，提早萌芽、开花、成熟的效果降低。

2016年调查浙江海盐两块红地球葡萄园，单膜覆盖栽培均于1月18日封膜，大棚密封度好的园4月13日开始开花，大棚密封度不好的园4月25日开始开花，始花期相差12天，葡萄开始销售期相差18天。开花后棚内有效积温还在相差。

4.双膜覆盖栽培两膜间距宽与窄 浙江温岭市农业林业局于2014年在温岭市陈鹏果业有限公司葡萄基地，对双膜覆盖栽培五年生葡萄园进行双膜间不同距离试验，双膜间距分别为20厘米、40厘米、60厘米。于2013年12月13日覆外膜，12月27日覆内膜，外膜厚度0.05毫米，内膜厚度0.025毫米。用TPJ-20温湿度记录仪对萌芽期至成熟期的棚内温度变化进行跟踪记载，每隔一天测定一次。

结果表明，随着内外膜间距的加大，棚内温度提升和有效积温增加效果更好。间距60厘米的日均温度比40厘米和20厘米分别提高0.77℃与1.67℃，有效积温分别增加73.6℃与158.5℃，萌芽期与成熟期也提早。内外膜60厘米间距的葡萄园于5月6日开始销售，较40厘米、20厘米间距的葡萄园分别提早4天与8天成熟上市，效益也相应增加。

实践表明，双膜覆盖栽培内外膜间距以40～60厘米为宜。

5. 增温期多次调温与一次调温　封膜后至坐好果转为避雨栽培称增温期。这时期棚温调控好与不好，关系到大棚内有效积温高低、开花期早晚与成熟期早迟。

这一时期棚温处于26～30℃时间较长，有利棚内有效积温增加，能提早开花，提早成熟；如棚温处于26～30℃时间较短，棚内有效积温增加较少，开花期不会较早，成熟期也不会较早。

（1）多次调温　上午与下午多次调温，延长棚内26～30℃时间，有利棚内有效积温增加，能提早开花，提早成熟。

（2）一次调温　上午与下午一次调温，棚内26～30℃时间较短，棚内有效积温增加较少，提早开花、提早成熟效果减弱。

6. 果实着色成熟期，棚温升高较缓与较快　果实进入着色成熟期，遇到高温天气概率较大，如棚温超过33℃时间较长，不利葡萄果实花青素形成，不利果实着色成熟。

果实进入着色成熟期，如每个棚两边的膜揭起较高，则棚温升高较缓慢，棚温超过33℃时间较短，有利着色，有利提早成熟。如棚两边的膜揭起较低，或连栋棚仅揭高一个棚两边的膜，则棚温升高较快，棚温超过33℃时间较长，不利着色，不利提早成熟。

7. 雪灾防止好与不好　浙江大棚覆膜后至3月中旬会遭雪灾，防好雪灾，大棚没有压塌，将正常萌芽、开花、成熟，还能达到促早熟目的。

如没有防好雪灾，大棚被大、暴雪压塌，需重立葡萄架柱，重建大棚，只能转为避雨栽培，不能提早萌芽、提早开花、提早成熟。

8. 冻害防止好与不好　南方大棚栽培萌芽后遇到–2℃及以下的低温天气，棚内温度降至0℃以下，会导致冻害。

冻害园程度较轻，影响新梢生长，开花期推迟。冻害较重，重发新梢，则难以实现到促早熟效果。

（二）栽培因子

1.催眠剂用与不用 南方冬季气温较高，不能满足葡萄休眠期对低温的要求，因此，南方葡萄要用石灰氮、氢氨涂结果母枝打破休眠，有利萌芽。

实验园于1997—2000年与2002年，在藤稔、京玉等11个品种上进行石灰氮涂结果母枝对比试验。结果表明，涂枝的萌芽整齐，萌芽期提早5天左右。

催眠剂涂枝萌芽期提早，开花期、成熟期也相应提早。

2.叶幕透光好与不好 果实第二膨大期果实着色与果穗受光程度关系密切。果穗受光好，有利着色，能提早成熟；果穗受光差，不利着色，推迟成熟。

果穗受光好坏主要取决于定梢量和叶幕密集度。定梢量多，叶幕很密，果穗受光差，着色难，成熟晚。定梢量适合，叶幕较稀，果穗受光好，有利着色，成熟较早。

2002年8月7日考察浙江海宁市袁化镇一块夏黑葡萄园，亩定梢4 100条，果穗不受光，夏黑不黑，烂果很多。

2009年考察湖南郴州市桂阳县一块61亩葡萄园，亩定梢3 600 ~ 4 100条，果穗受光差，着色难，成熟晚。

2010年考察江苏东台市三仑镇一块10亩大紫王葡萄园，亩定梢4 000条，果穗不见光，着色难，成熟晚。

调查分析，南方葡萄亩定梢3 500条以上，果穗受光差，着色慢，成熟迟；亩定梢3 000条以下，果穗受光好，有利着色，成熟较早。

3.高产栽培与适产栽培 经实验园研究和生产园调查分析，相同品种、相同栽培方式、相同管理，亩产量高250千克，成熟期晚5天左右。

4.大穗栽培与中、小穗栽培 经实验园研究和生产园调查分析，相同品种、相同栽培方式、相同产量、相同管理，果穗均重增加500克，成熟期晚5天左右。

5.果实膨大剂使用1次与2次 藤稔、醉金香、鄞红、阳光玫瑰等葡萄，使用保果剂、果实膨大剂，能改变果穗、果粒性状，是种好这些品种的关键技术之一，生产上已较普遍应用。

这些品种使用果实膨大剂将推迟果实成熟。实验园研究和生产园调查分析，使用1次，果实推迟成熟5天左右，使用2次果实推迟成熟10天左右。

藤稔葡萄果实膨大剂可使用2次，浙江嘉兴地区已普遍应用。其他品种应使用1次，不宜使用2次。

6.果穗套袋与不套袋 葡萄果穗套袋栽培有利也有弊。利：保护果穗；弊：增加成本，成熟期推迟7天左右。

果穗是否套袋要根据各自情况定。

南方灰尘较少，大棚栽培为了促早成熟，果穗可以不套袋。实验园葡萄采用大棚栽培后果穗不套袋。

7.氮肥超量施用与适量施用 全年氮肥用得多，粗枝大叶，副梢旺发，果实着色晚，成熟迟。实验园研究和生产园调查分析，相同品种、相同栽培方式、相同产量、相同管理，亩氮素用量增加5千克，成熟期晚5天左右。

全国各葡萄产区氮肥施用量普遍偏多，对此笔者已于2015年8月提出肥料施用量减半的理念。要根据品种需肥特性和各地情况确定较合理的施肥量。用肥偏多的园将施肥量减下来，促使葡萄提早成熟。

8.果实第二膨大期氮肥使用与不使用 调查中发现，不少葡萄园在硬核期施用着色肥时配用氮素肥料，尤其施用含氮较高的硝酸钾较多。导致这些园着色慢，成熟推迟。

多数葡萄园施用着色肥时，不宜配施含氮素的肥料。

9.果实硬核后期主干环剥与不环剥 实验园在成熟期对不同的10多个品种进行了硬核后期主干环剥与不环剥的对比试验。结果表明，早熟和中熟品种主干环剥比不环剥提早成熟7 ~ 10天，中晚熟和晚熟品种主干环剥比不环剥提早成熟10 ~ 15天。

五、大棚促早熟栽培配套技术到位，促早熟效果显著

上述影响葡萄成熟期的两个方面的17个因子，有些因子影响较明显，如棚温调控，合理定梢增加果穗受光量，适产栽培，中、小穗栽培，控氮栽培，果穗不套袋栽培，用防鸟网不用防虫网，主干环剥等，单因子影响熟期5天以上。如是雪灾压塌大棚，冻了新梢的园，不可能提早成熟。

如果影响葡萄成熟期的17个因子都能避免，则促早熟效果极为显著；如多数影响葡萄成熟期的因子能避免，则促早熟效果也很显著。双膜栽培可比避雨栽培提早成熟60天左右，单膜栽培可提早成熟40天左右。

浙江嘉兴市南湖区凤桥镇林根，种植藤稔、醉金香葡萄12亩。2013—2016年双膜覆盖栽培，12月下旬封膜，翌年3月下旬开花，5月底至6月上旬成熟上市，比当地避雨栽培8月上、中旬上市提早成熟60多天。如进行控产1 000千克栽培，成熟果在嘉兴水果市场销售，每千克果实平均售价21元，亩产值稳定2万元以上。

浙江海盐于城镇蔡全法，种植红地球葡萄6亩。2014—2016年单膜覆盖栽培，1月10 ~ 15日封膜，4月2 ~ 12日开始开花，7月中旬至7月底成熟上市，比当地避雨栽培8月下旬至9月上旬成熟上市提早成熟40多天。3年平均亩产1 899千克，在嘉兴水果市场销售，每千克果实平均售价14.63元，亩产值27 780元。

海盐县农业科学研究所通过组织果农赴蔡全法葡萄园参观，推广蔡全法经验，对提高海盐红地球葡萄管理水平有效果，但达到蔡全法红地球葡萄稳产、优质、早熟、安全、高效水平，7月底卖完红地球葡萄的园还不多。

第四章 大棚促早熟栽培技术

葡萄促早熟栽培必须采用大棚双膜、单膜覆盖栽培，以此为基础，较全面应用促早熟栽培配套技术，才能达到较好的提早成熟的效果。

一、根据各地条件发展大棚促早熟栽培

（一）以单膜覆盖栽培为主的产区适当发展双膜覆盖栽培

在单膜棚内再覆盖一张棚膜，就成为双膜栽培。只要按双膜栽培管理到位，可比单膜栽培提早成熟20天左右，增效显著。

浙江嘉兴陈剑明49亩藤稔、醉金香葡萄园，2010—2015年，

浙江嘉兴秀州区陈剑明葡萄园：双膜覆盖栽培藤稔葡萄成熟果穗（2013.06.05）

每年双膜栽培25亩，6月上、中旬上市销售，每千克果实售价19元，亩产值20 500元；每年单膜栽培24亩，6月下旬至7月上旬上市销售，每千克果实售价14元，亩产值16 800元。双膜栽培比单膜栽培亩产值增加3 700元。

（二）以避雨栽培为主的产区应发展单膜覆盖栽培，搞一部分双膜覆盖栽培

避雨棚四周用棚膜覆好封闭，中间再用棚膜连好，就成为单膜覆盖栽培。单膜覆盖栽培只要管理到位，可比避雨栽培提早成熟20天左右，增效显著。

大棚双膜、单膜覆盖栽培主要是掌握好以下四项关键技术：搭建好大棚架，掌握好覆膜期，调控好棚温，防好雪灾、冻害、风害、热害等。

二、大棚架搭建

（一）建棚要点

1.牢固 抗雪、抗风力要较强。钢管大棚可抗10级风，抗15厘米厚积雪。

2.散热好 连棚要有较宽的散热带，以防高温天气发生热害。

3.宽度、高度与长度 2行葡萄一个棚，棚宽5.4 ~ 6.0米，矢高3.3米以上；一行葡萄一个棚，棚宽2.7 ~ 3.0米，矢高2.4 ~ 2.5米。

特别注意：8米宽的大棚不适合葡萄栽培，种2行不合算，种3行中间一行易热害。

有条件的，最好建造钢管连栋大棚。条件不允许的，也可建造毛竹结构、钢丝结构的连栋大棚。大棚长以60米为限，连栋棚宽以20行葡萄60米为宜。不宜太长、太宽，否则易产生热害。

4.建棚时期 宜早不宜晚，大棚促早熟栽培应在元旦前搭建好大棚。

（二）钢管连栋大棚

钢管连栋大棚分立柱式与连接式两种，推广立柱式。优点：牢固，抗风、抗雪。能力强，省架材。以下介绍立柱式连栋大棚的建造。

1.大棚长度、宽度，葡萄行距 单棚宽5.5 ～ 6.0米。葡萄行距2.7 ～ 3.0米，一棚种2行葡萄。最宽以10连栋为限。

2.立大棚架柱和架纵向钢管 两棚中间立一行水泥架柱，柱距4米。柱长2.5米，埋入土中0.7米，畦面上1.8米，柱粗10厘米×10厘米，柱顶一定要水平。柱顶上纵向架4厘米×8厘米的方钢管，固定在架柱上。

3.架拱形钢管 选用径粗2.2厘米以上、管壁厚1.2毫米以上的钢管作拱架，长度为棚宽1.15倍左右，棚宽6米钢管长6.9米左右，棚宽5.5米钢管长6.3米左右。拱形钢管中心点距畦面3.3米。钢管间距80厘米左右，中间由一条纵向钢管连接。

4.槽板安装 棚两边各安装一条槽板，最好选用不锈钢槽板。安装位置：离棚边80厘米处，槽板安装要直。遇较高温天气将棚膜揭高，通风散热。

5.棚门安装 棚两头均装一扇棚门。

浙江海盐金利明葡萄园：立柱式钢管连栋大棚

浙江海盐周惠中葡萄园：5.4米宽钢管连栋大棚，长90米，面积23.3亩(2015.01.23)

（三）毛竹连栋大棚

浙江台州地区多选用毛竹连栋大棚。大棚宽度、长度、高度参照钢管连栋大棚。建棚时注意以下几点：

1.棚边立柱 宜用水泥柱，比毛竹柱抗风能力强。

2.毛竹拱片 宽6厘米以上，间距50厘米左右。

3.中间立柱与横、直梁 中柱要牢固，其上安装纵向直梁连接；两根边柱要架横梁，并与中立柱扎缚牢，提高抗风、抗雪能力。

4.槽板安装 棚两边各安装一条槽板，最好选用不锈钢槽板。安装位置：离棚边80厘米处，槽板安装要直。

遇高温天气将棚膜揭高，通风散热。

浙江温岭毛竹大棚葡萄（2011.08.26）

浙江逐昌毛竹大棚葡萄（2011.08.25）

（四）钢丝连栋大棚

重庆璧山等地已应用较多，福建顺昌1 000多亩钢丝连栋避雨棚，开始转向连栋大棚。钢丝连栋大棚宽度、长度参照钢管连栋大棚。建棚时要掌握以下几点：

1.立柱、斜梁和高度 棚两边立柱最好用水泥柱，柱距4米。斜梁可用细毛竹、细杉木 、钢管，固定在架柱上。中间顶高离地面3.5米以上，使架面较斜，避免棚面上积水。

2.钢丝选择和间距 选用12 ～ 14号钢丝，钢丝间距50厘米左右。

3. 槽板安装 棚两边各安装一条槽板，最好选用不锈钢槽板。安装位置：离棚边80厘米处，槽板安装要直。

遇高温天气将棚膜揭高，通风散热。

福建顺昌双溪镇1 000多亩红地球葡萄钢丝大棚（2011.08.24）

重庆壁山林太舜6亩钢丝连栋大棚

（五）一行葡萄一个棚的连体大棚

浙江嘉兴地区及周边地区采用较多。好处：葡萄架柱加长，一柱两用。建棚要点：

1. 葡萄架柱 柱距4米，柱长3.0 ~ 3.1米，埋入土中60厘米，地面2.4 ~ 2.5米。既作葡萄架柱，又作大棚架柱。

2. 单棚高、宽、长 畦宽2.7 ~ 3.0米，棚宽2.3 ~ 2.6米，两棚中间空40厘米左右作为散热带；棚顶高（离地面）2.4 ~ 2.5米，棚长60米为宜，连体20棚为限。棚太长、连棚太多，影响散热和不利园内操作。

3. 拱片宽与间距 毛竹片（拱片）3厘米以上，拱片间距70厘米左右。

4. 拱片纵、横向拉丝 纵向拉3条拉丝，分别固定在拱片中间和两边。横向拉丝固定在架柱离地面1.9米左右处。

5. 两头、两边安装地锚 地锚深1米左右，必须牢固。遇大雪压塌棚主要是因地锚不牢被拔起所致。

6.连体棚四周搭建方法 连体棚四周用长2.2米竹竿稍向外斜插，间距50厘米左右，围膜围在竹竿外。两棚间连膜用夹子夹在纵向拉丝上。

浙江海盐一行葡萄一个棚的连体大棚（2009.03.04）

7.两棚中间连膜要打滴水孔 最好用3条上部尖的毛竹片在棚膜上顶出滴水孔，或用鱼叉在棚膜上顶出滴水孔，下雨时水会往下滴，平时滴水孔会密闭，保温较好。部分园用打孔器打孔，影响保温。

浙江海盐西塘桥镇沈卫中园：一行一个棚中间连膜，用3条上部尖的毛竹片在棚膜上顶出滴水孔（2015.12.30）

8.安装卷膜直管 2个棚或3个棚要安装一条卷膜直管，遇高温天气将棚膜卷高，通风散热。

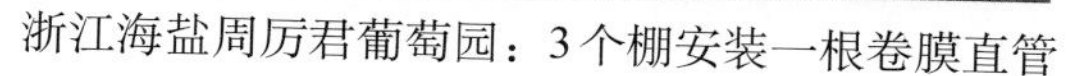

浙江海盐周厉君葡萄园：3个棚安装一根卷膜直管

浙江海盐李明华葡萄园：四边牢固地锚

（六）单栋大棚

两个棚之间有1米左右空间，浪费土地，建棚费用较高，每年用的棚膜较多，棚温调控用工较多，各棚间棚温差异较大。不提倡建单栋大棚，应建连栋大棚。

上海嘉定区马陆镇单栋钢管大棚

浙江岱山县张妙龙单栋钢管大棚

（七）避雨棚改成大棚

在避雨棚四周插2米多长的竹片，竹片间距50厘米，用旧棚膜将四周围好。再根据避雨棚两膜间距离，将剪裁好的膜覆在中

间，用夹子夹紧棚膜，后用压膜带压好。这样避雨棚就被改造成单膜覆盖栽培的大棚。

（八）双膜覆盖栽培大棚

1. 实验园双膜覆盖栽培棚 2012年11月新建6连栋双膜栽培钢管大棚。单棚宽5.4米，顶高3.5米，肩高2米。拱管间距：外棚0.8米，内棚4米。内、外棚之间距离0.6米。亩造价：27 000元，其中外棚23 000元，内棚4 000元。

实验园六连栋双膜覆盖栽培钢管大棚

连栋棚单棚结构

棚内葡萄生长状

实验园原单膜覆盖栽培棚，可根据葡萄架式改建成双膜覆盖栽培棚。

双十字V形架单膜覆盖栽培棚：不必再建内棚，只要在上横梁上覆内膜，成为双膜覆盖栽培。

V形水平架单膜覆盖栽培棚：要在棚内建内膜拱架，用钢管、毛竹均可，拱架顶高离外棚架柱不少于60厘米，离叶幕层不少于70厘米。内膜拱架两边可固定在外膜架柱边上，也可插入地下。

实验园两行葡萄一个大棚，双十字V形架两个内棚膜

实验园V形水平架，另建内膜棚，成为双膜覆盖栽培

2. 生产园双膜覆盖栽培棚 浙江嘉兴地区藤稔、醉金香葡萄进行双膜覆盖栽培的较多，红地球葡萄部分园也进行双膜覆盖栽培，多数是在V形架的上横梁上覆内膜。

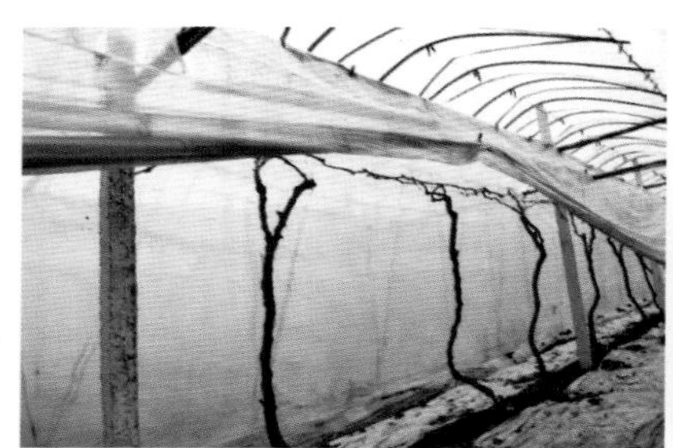

浙江海盐葡萄双膜覆盖栽培园

2010年以来部分园利用棚内拉丝，内膜平覆在拉丝上。好处：内膜下部空间大，连体棚内棚温较一致。不足：遇下雪除雪（顶雪）较麻烦。

浙江海盐葡萄双膜覆盖栽培内膜平覆

浙江台州地区两行葡萄一个毛竹棚，如果是水平棚架的单膜覆盖栽培棚，改为双膜覆盖栽培，在棚内建内膜棚有两种方法：一种是用较长的竹片固定在外膜两边，成为一个内棚。另一种是建两个内棚，即一行葡萄一个内棚。

浙江台州路桥罗邦来130亩水平棚架双膜覆盖栽培棚

浙江温岭陈筐森60亩水平棚架双膜覆盖栽培棚

三、选好、盖好、管好棚膜

（一）棚膜选择

1.棚膜种类选择 选择三层复合高透光长寿无滴增温膜(EVA)，或聚乙烯流滴耐老化膜（PE），不宜选用聚氯乙烯棚膜(PVC)。

2.棚膜厚度选择 2行葡萄一个棚顶膜宜用0.06毫米多功能无滴保温新棚膜，不宜选用厚0.08毫米以上棚膜。覆膜使用一年，不宜用厚膜使用2年、3年，甚至4年。围膜可用旧膜。

一行葡萄一个棚顶膜可选用0.03毫米多功能无滴保温新棚膜，不必选用厚0.05毫米以上棚膜。覆膜使用一年，不宜用厚膜使用2年。围膜可用旧膜。

3.棚膜新旧选择 顶膜、双膜覆盖栽培内膜应选用新膜，旧膜不宜选用。

单膜覆盖栽培用旧膜不妥

旧棚膜上灰尘很多，有的已生青苔，透光性很差(2017.01.11)

双膜覆盖栽培内膜用旧膜不妥

连续使用旧膜，不换新膜虽可省一年棚膜费用，省覆棚膜、揭棚膜用工，但在生产中易出现以下问题：

（1）无滴膜成为有滴膜　棚膜中的无滴剂有效期为一个生产季，到第二年无滴剂已消失，无滴膜成为有滴膜，棚膜上的水直接滴到葡萄蔓、叶、果上，既提高了棚内湿度，又易导致病害发生。水滴会滴到在棚内干活人的身上，衣服会很湿。

（2）萌芽期晚3 ～ 5天　同一块园、同一天封膜，棚温相同管理，萌芽期新膜比旧膜早3 ～ 5天。

（3）棚内光照减弱，影响着色，成熟推迟　实验园1999年、2009年两年测定棚内光照度，覆膜期平均光照度棚内为棚外的：新膜为68%，旧膜为58%，旧膜比新膜低10个百分点，影响光合产物积累。

连续覆旧膜也影响着色成熟。浙江海盐县通元镇滕金村大棚单膜覆盖栽培红地球葡萄，0.08毫米膜至2016年已连续覆盖4年。3月29日开始开花，7月初开始上市销售，由于着色慢，至8月10日即开始开花已135天，还有半数果穗不能上市销售。

2016年8月10日测定该园光照度，棚内3.3万勒克斯，棚外5.6万勒克斯，棚内光照度为棚外的59.5%，比用新膜棚光照度低10个百分点左右，影响果实着色。

浙江海盐通元镇滕金村徐明大棚单膜覆盖栽培红地球葡萄园：连续4年用厚0.08毫米旧膜，棚内光照较弱，影响着色成熟（2016.08.10）

(4) 加重土壤酸化　大棚栽培覆膜时段园地雨淋不到，土壤会逐渐酸化。经分析，1月覆膜，10月揭膜，年pH下降0.2左右；全年12个月覆膜，1年pH下降0.3左右。因此，全年覆膜会加重土壤酸化，如不采取施用石灰等措施，当pH降至6以下时，对葡萄生长不利。

(5) 旧棚膜易破损　有的棚膜覆一年到第二年夏秋季就破损，如果实膨大期棚膜破损，易造成损失。

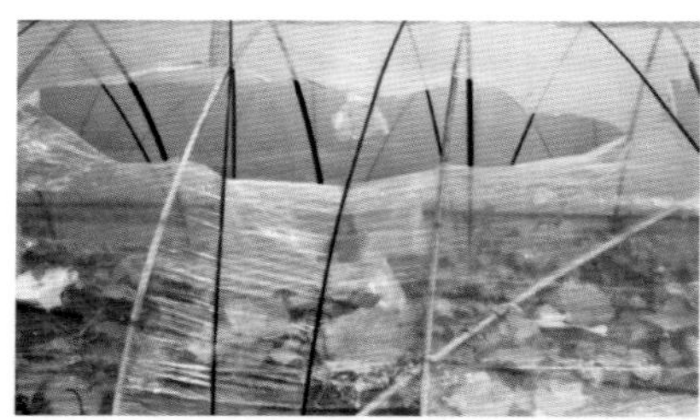

覆膜期棚膜破损

(二) 覆好棚膜，密封要好

上午无风时覆膜，下午压好压膜带，有风时段不宜覆棚膜。也可在傍晚无风时覆膜。

棚膜要覆得平直，及时用压膜带压好。沿海经常有大风地区，压膜带上再罩网压棚膜。

连栋棚两棚连接处棚膜密封要好，顶膜与围膜密封要好，围膜盖畦面20多厘米，用泥压好，不漏风。密封好的大棚在增温期

保温性好，能增加有效积温，能提早萌芽，提早开花，提早成熟。密封不好的大棚在增温期保温性差，有效积温增加少，影响提早萌芽、提早开花、提早成熟的效果。

覆好棚膜，压好膜带，连棚密封好（浙江海盐，2009）

沿海大风频繁地区棚膜上罩网压膜（浙江玉环，2009）

（三）双膜覆盖栽培的覆膜

1. 两膜间距 内膜与外膜间距以40 ～ 60厘米为宜，有利提高内棚温度，增加有效积温，有利提早萌芽、提早开花、提早成熟。

内膜与外膜间距小于40厘米，内棚温度比膜间距大于40厘米的要低，影响有效积温，影响提早萌芽、提早开花、提早成熟。

2. 内膜至畦面形成封闭的内棚 如内膜不到畦面，保温性差，增温效应差。

两膜间距大于40厘米，内膜至畦面，增温效果好（浙江海盐，2010.03.08）

内膜不到畦面，保温差，不宜采用（浙江海盐，2010.03.08）

（四）棚膜管理

经常检查棚膜、膜带、地桩、地锚、夹子等，及时发现问题并采取措施。如不及时采取措施，影响棚内积温，影响蔓、叶、果生长，影响促早熟效果。

四、封膜、揭膜期

（一）适时封膜

封膜不能太早，也不能太晚，要根据当地物候期适时封膜。在防好冻害、雪灾前提下，适宜封膜期：

1.单膜覆盖栽培封膜期 一般为当地露地栽培萌芽期前50～60天。各地最早封膜期：

浙江湖州：1月下旬。

浙江嘉兴、杭州西部：1月中旬。

浙江宁波、绍兴、舟山、杭州东部、金华西部：1月上旬。

浙江台州、温州、丽水、衢州、金华东部：上年12月下旬。

上海、江苏南部：2月上旬。

江苏北部：2月中旬。

湖北公安：1月中旬。

云南建水、元谋：夏黑葡萄果实4月初开始成熟，最早封膜期为上年11月中旬。

2.双膜覆盖栽培封膜期 外膜封膜期为当地露地栽培萌芽期前70～80天，内膜覆膜期为外膜封膜后7～10天。各地最早外膜封膜期：

浙江湖州：翌年1月10日前后。

浙江嘉兴、杭州西部：12月底至翌年1月初。

浙江宁波、绍兴、舟山、杭州东部、金华西部：12月下旬。

浙江台州、温州、金华东部、丽水、衢州：12月中旬。

上海、江苏南部：1月中旬。

湖北公安：1月上旬。

3. 覆膜、封膜期不能太早 2008年以来浙江台州、嘉兴等地封膜期越来越早，导致萌芽不整齐，增加管理难度；有的萌芽后新梢长至10多厘米就萎缩，严重影响产量；树体易衰败，易导致冻害。不能盲目抢早封膜。

（1）浙江嘉兴秀州区陈方明　醉金香葡萄双膜覆盖栽培2011年12月20日封膜，萌芽很不整齐，增加管理难度。

陈方明葡萄园醉金香葡萄新梢生长状（2012.03.02）

新梢生长状（2012.03.27）

（2）浙江海盐武原双桥村钱国军　醉金香葡萄双膜覆盖栽培，2016年12月5日封膜，萌芽很不整齐，早的已开花，半数新梢长不到10厘米。

浙江海盐武原双桥村钱国军醉金香葡萄园：早的已开花，晚的新梢长不到10厘米（2017.03.08）

（3）浙江台州市路桥区蓬街镇周善兵　藤稔葡萄双膜覆盖栽培，2011年12月5日封膜，部分长至10多厘米的新梢萎缩，严重影响产量；2011年12月23日封膜，萌芽、新梢生长正常。

2011年12月23日封膜，萌芽、新梢生长正常（2012.02.24）

2011年12月5日封膜，部分新梢萎缩（2012.02.24）

2011年12月5日封膜，新梢全部萎缩（2012.02.24）

4.覆膜、封膜期不能太晚 在适宜封膜期以后封膜越晚，促早熟效果越差。有的在当地露地栽培萌芽前20天封膜，只能提早成熟5天左右。

面积较大的葡萄园可搞一部分双膜覆盖栽培，一部分单膜覆盖栽培。如全部单膜覆盖栽培，可分批封膜，在适宜封膜期内覆膜一部分，过7 ~ 10天再覆膜一部分，最迟一批要在当地露地栽培萌芽前30天封好膜。这样有利劳动力安排，有利葡萄分批上市销售。

（二）适时揭双膜覆盖栽培的内膜、围膜和顶膜

1.适时揭双膜覆盖栽培内膜 新梢长至60 ~ 70厘米，已顶到内膜时可揭除内膜，最迟开花前应揭除。

实验园3月28日揭除内膜转为单膜覆盖

嘉兴秀洲区陈剑明葡萄园：3月下旬揭内膜（2009.03.24）

2.适时揭围膜转为避雨栽培 坐好果当地最低气温稳定在15℃以上可揭除围膜转为避雨栽培。浙江嘉兴揭围膜期在5月下半月。

一行葡萄一个棚的连体大棚，揭除围膜后还要揭除每行中间连膜，转为避雨栽培。

遇33℃以上高温还要揭高顶膜，棚温不能过高，否则影响花芽分化和果实着色。

实验园5月15 ～ 25日揭除围膜（2009.05.16）

浙江海宁5月下旬揭除中膜和围膜（2013.06.22）

揭除围膜和中间连膜（浙江海盐，2008.06）

部分葡萄园一直不揭围膜，目的使棚温高些，想提早成熟，却相反，棚温33℃以上，影响花青素形成，推迟成熟。

部分葡萄园两膜间封闭，棚温高导致热害，严重影响花芽分化。

部分葡萄园中间连膜不是行行揭除，有的隔行揭，有的隔2行揭1行，有的隔3行揭1行，有的隔4 行揭1行，棚温较高导致热害，严重影响花芽分化。

连体棚中间连膜隔行揭除，棚温还会偏高（浙江嘉兴秀州油车港，2013.05.30）

浙江海盐于城镇10行连体大棚，2010年不揭中间连膜，高温热害，2011年基本无花（2011.04.09）

避雨栽培，两膜间封闭，棚温高导致热害，严重影响花芽分化。

浙江龙游郑志义20亩夏黑葡萄园：2012年避雨栽培，棚膜封闭较好，全期棚内温度较高，2013年基本无花（2013.03.28）

福建顺昌红地球葡萄避雨栽培园：棚膜封闭较好导致热害，2011年果穗四周多，中间明显少（2011.08.13）

大棚栽培转为避雨栽培，顶梢不能在棚外，否则叶片极易发生霜霉病和黑痘病。在棚外新梢要及时剪掉。

顶部叶片在棚膜外发生霜霉病（2010.06.13）

顶部叶片在棚膜外发生黑痘病（2014.08.15）

及时剪除棚膜外蔓叶（2014.08.15）

3. 揭顶膜期　葡萄采果销售较早的园，应推迟至10 ～ 11月揭顶膜，在覆膜阶段不必用农药防霜霉病，也可保护好秋叶。

实验园：红地球葡萄10月1日揭顶膜（2009.10.05）

实验园：红地球葡萄11月揭棚膜（2011.11.27）

五、增温期调控好棚温，增加有效积温，防止热害

封好膜至揭围膜为增温阶段，又称增温期。

（一）棚温调控重要性

1.封膜期与成熟销售期的关系 同一地区相同品种，同一天封膜，开花、成熟期相差10d以上，这种现象各地较普遍存在。原因是棚温调控存在差异。

增温期晴天上午、下午多次调棚温，维持26～30℃棚温时间较长，有效积温增加，萌芽、开花、成熟就较早。

棚温调控不好，较早封膜，或有效积温增加不多，提早萌芽、开花、成熟不明显，促早熟效果较差。

2.棚温偏高会发生热害 封膜后棚温超过35℃时间较长，会导致花芽退化，超过40℃时间较长花序会“流产”。

在葡萄花芽分化的2个月中，棚温超过35℃时间较长，会影响花芽分化，持续高温的园会基本无花。

（二）封膜后至揭围膜增温阶段棚温调控

1.棚温控制 棚温最高控制在30℃，短时间棚温升高不宜超过35℃。

2.大棚内放置温度计 以选用一般温度计为宜，有背板的温度计不能用，晒到阳光温度高5℃左右。

温度计安放位置：离棚边10多米，置于与上部叶幕同高的位置。

调查发现：浙江遂昌县不少大棚葡萄园不设温度计，以人的感觉调棚温，较易产生热害。有些园温度计放在大棚边，温度计显示的温度偏低；有些园温度计放在叶幕上部，温度计显示的温度偏高。

实验园安放温湿度自动记载仪，全天24小时记载温湿度

有板温度计不能用

3. 安装调温设施　两行葡萄一个棚的连棚，棚两边均要安装卷膜直管；一行葡萄一个棚的连棚，两行葡萄安装一条卷膜直管，有利调温。

实验园钢管大棚装卷膜直管调温

浙江海盐周惠中葡萄园：装卷膜轮调温

单棚安装卷膜器

浙江海盐县周惠中16个连棚，间隔8米横向安装8条钢丝，固定在两边的直管上，通过卷直管16个连棚一次调温。转动边棚卷膜直管，16个棚的中间连膜全部打开；转动另一边棚卷膜直管，16个棚的中间连膜全部关回封好。

周惠中16个连体大棚，转动边行直管16个棚的中膜打开或关闭

周惠中16个连体大棚，手握这条横向拉丝扎牢中膜一边（2015.01.23）

周惠中横向调温拉丝固定在两边直向卷膜直管上（2015.03.09）

福建顺昌县双溪镇杨启荣园：毛竹连栋大棚安装拉绳调控棚温，晴天揭高棚膜（2014.04.29）

福建顺昌县浦上镇：毛竹连栋大棚安装拉绳调控棚温，晴天全部揭高棚膜

浙江宁波市江北区洪塘镇唐国平葡萄园：370亩大棚葡萄用砖块拉绳调控棚温（2015.04.18）

有些面积较大的现代化葡萄园棚温调控已实现智能化，可用手机调控棚温。

浙江乐清市城东街道苏长勇104亩钢管连栋大棚，全部安装电动卷膜装置

4.双膜覆盖栽培内棚安装拉绳调控棚温　内膜一边安装2条绳，一条较粗的绳沿棚长方向从头拉到尾，一条较细的绳按葡萄架柱分段安装，一头缚在粗绳上，一头从内到外绕一圈固定在架上。粗绳另一头吊砖块，拉动粗绳带动细绳将内膜揭高，放松粗绳即放下内膜。

浙江嘉兴秀州区陈方明葡萄园：内膜拉绳调温

实验园：内膜拉绳调温

5.增加有效积温的调温办法　南方大棚促早熟栽培是冷棚，增温期为封膜阶段的晴天，封膜至揭围膜期最高棚温控在30℃，以增加棚内26 ～ 30℃时长，有效积温增加多，促早熟效果好。不同棚温调控方法影响有效积温增加。

（1）晴天不宜一次调温，应多次调温

多次调温：上、下午各调温2 ~ 3次。上午棚温达到30℃，棚膜稍揭高，使棚温略降，但不能降至26℃以下；棚温又升至30℃，棚膜再稍揭高。从揭高棚膜调温开始，使上午棚温稳定在26 ~ 30℃。下午棚温降至27℃左右，棚膜稍放低，使棚温回升至30℃，反覆2 ~ 3次，延长棚内26 ~ 30℃的时间。

这样一天中棚温维持在26 ~ 30℃的时间较长，积温效果好。

一次调温：晴天上、下午各调温一次。有的怕棚温太高导致热害，上午棚温不到30℃就将棚膜揭至最高处，下午棚温降至25℃及以下，将棚膜放下，全天棚温一直较低，26 ~ 30℃有效积温少，促早熟效果降低。

（2）棚温要调内不调边，不宜调边不调内

连栋大棚棚温特点：棚中间温度高于棚四周温度，棚中间有效积温高，新梢生长快，开花早；棚四周有效积温低，新梢生长慢，开花晚。要通过棚温调控，减少棚内温度差，使新梢生长较一致，缩短开花期。

调内不调边：晴天，通过卷膜直管揭高棚膜调温，即调内；不开棚门，不揭高边膜调温，即不调边。好处：使棚温较一致，开花期可控制在20天内，有利蔓、花、果管理。

实验园、蔡全法葡萄园、金利明葡萄园：高温天棚温调内不调外（2013.03.06）

调边不调内：晴天开棚门、揭高边膜调温，棚内的膜不揭高。问题：棚中间与棚四周温度相差较大，开花期长达20多天。植物生长调节剂保果、植物生长调节剂膨大的品种要分批进行，很麻烦。棚中间由于温度偏高，影响花芽分化。

揭高边膜调温，调边不调内，不宜采用（2012.03.08）

6.遇突然高温及时揭高棚膜防热害 2011年4月26日正值实验园葡萄开花坐果期，突遇高温，气温高达37℃；2013年3月5 ～ 9日新梢生长期气温高达25 ～ 29℃。遇突然高温要揭高围膜，揭高两棚中间连膜，将棚温降下来，避免热害。

实验园这两次遭遇突然高温，均及时揭高围膜，揭高两棚中间连膜（2011.04.26）

葡萄大棚栽培防好雪灾、防好冻害、防好热害相关技术内容详见杨治元编著的《大棚葡萄双膜、单膜覆盖栽培》一书。

第五章 用好破眠剂，提高叶幕透光度促早熟

一、石灰氮、氰氨涂结果母枝

（一）南方应普遍使用破眠剂

据研究，葡萄冬芽在冬季经过1 000 ～ 1 500小时的7.2℃以下低温期，才能解除休眠（黎盛臣，1998）。

地处浙江北部的海盐县，1995年冬至2005年春葡萄休眠期，10年平均7.2℃以下低温时间为880.8小时，不能满足葡萄冬眠需冷量，因此当冬眠需冷量不足时，需应用石灰氮涂结果母枝。

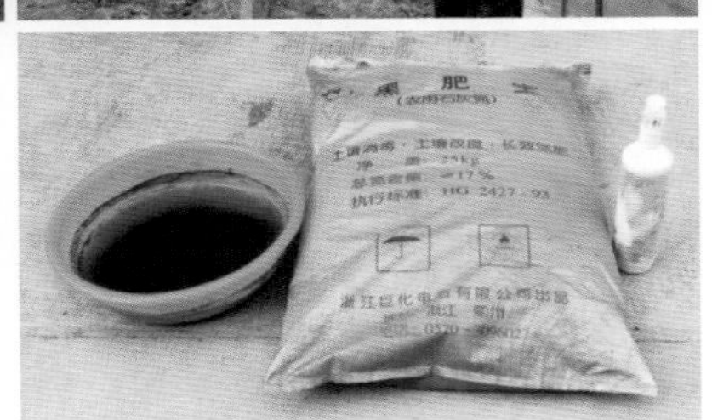

实验园葡萄大棚栽培，覆膜后用14%石灰氮液涂结果母枝，石灰氮及配好的溶液

实验园1997—2002年，大棚葡萄促早熟、避雨、露地栽培，连续5年11个葡萄品种用石灰氮（氰氨）涂结果母枝进行对比试验。效果表明：萌芽期平均提早4.5天，萌芽整齐；萌芽率平均增加11.5个百分点；成蔓率平均增加17.3个百分点；叶色提高一级。石灰氮、氰氨涂结果母枝表现效果相似。

因此，南方葡萄大棚、避雨、露地栽培均要用破眠剂打破休眠。

实验园夏黑、红地球、大紫王葡萄大棚栽培，石灰氮涂结果母枝萌芽整齐（2012.03.20）

双膜覆盖栽培，左边不用催眠剂，芽尚未萌发（浙江嘉兴，2012.03）

红地球葡萄双膜覆盖栽培，右边不用催眠剂，发芽晚（浙江海盐，2014.03.05）

夏黑葡萄结果母枝涂石灰氮（左：涂；右：不涂）（2013.04.04）

浙江龙游郑志义葡萄园：夏黑葡萄不涂石灰氮催眠，萌芽不整齐

（二）破眠剂选择和使用

1.破眠剂选择 石灰氮、氰氨均可选用。石灰氮价格低，较安全。

2.使用浓度 石灰氮浓度14%左右为宜。先用70℃以上热水浸泡2小时以上方可使用。氰氨浓度按有效成分2%左右计，配好的液2天内用完。

使用浓度偏高影响萌芽。浙江台州市椒江区洪家镇，2001年一块藤稔葡萄大棚栽培园，石灰氮对水3倍，即浓度33.3%，比对水5倍的萌芽晚，萌芽不整齐。

3.使用期 大棚栽培覆膜后即使用，避雨、露地栽培当地萌芽前30天左右使用。

4.使用部位、方法 要用小的刷子涂冬芽。3芽以上冬剪顶端2芽不涂，其余芽均要认真涂到。2芽冬剪园要用催眠剂涂冬芽。不宜用喷雾器喷雾。

5. 随配随用 配好药液2天内用完，放置时间长会降低效果。

6. 使用2次影响萌芽 浙江嘉兴南湖区凤桥镇林建中，美人指葡萄大棚栽培，2004年将剩下的石灰氮液重涂了12米结果母枝，涂一次的已整齐萌芽，涂2次的未萌芽，原因是冬芽受到伤害。2015年1月23日调查海盐两块葡萄园，一块武原双桥村金建林藤稔葡萄双膜覆盖栽培园，12月20日封膜，12月22日结果母枝涂石灰氮，封膜32天较整齐萌芽。一块于城镇庄家村周根年藤稔葡萄双膜覆盖栽培园，11月30日覆膜，12月10封膜，分别于12月10日、1月2日对结果母枝涂石灰氮2次。封膜44天尚未萌芽。

7. 及时供水 使用后即供应较多的水。大棚栽培棚内保持高湿；避雨、露地栽培，如土壤较干燥要及时供水，否则降低效果，萌芽不整齐。

8. 防止中毒 石灰氮、氰氨均有毒，使用时皮肤不能接触。如稍有沾在手上，立即用水洗净。人如感到不适，可能轻度中毒，应去医院就医。

二、蔓叶管理，叶幕有较好的透光度

南方大棚葡萄单膜覆盖栽培棚内光照度为棚外的70%左右，双膜覆盖栽培棚内光照度为棚外的60%左右，叶幕透光度与果实着色、成熟关系密切。

南方葡萄大棚栽培叶幕透光度主要取决于定梢量和新梢叶片数。调查分析，亩定梢量超过3 500条，叶幕透光差，影响果实着色与成熟。因此，南方大棚葡萄要根据品种叶片大小定合理的定梢量，根据棚的宽度定新梢叶片数，不留副梢栽培，使叶幕透光较好，有利果实着色、成熟。

（一）按品种叶片大小和果实日灼难易程度定合理定梢量

既要使叶幕有较好的透光度，又要防止果实日灼，就要有合理的定梢量。如定梢量偏多，架面郁闭，通风透光差，易诱发病

害，着色差，成熟晚；如定梢量偏少，全园光合产物积累少，还会导致果实日灼。

合理定梢量要根据品种叶片大小和果实受日灼难易程度而定。

1.大叶型品种 如藤稔、无核早红、醉金香、夏黑、早夏无核、阳光玫瑰、无核白鸡心等品种，梢距20厘米，亩定梢2 200 ～ 2 500条。

实验园醉金香、藤稔、阳光玫瑰葡萄梢距20厘米（2014.04.06）

2.中叶型品种 如巨峰、巨玫瑰、鄞红等梢距18厘米左右，亩定梢2 800条左右。

实验园巨玫瑰、巨峰、鄞红葡萄梢距18厘米（2014.04.08）

3.小叶型品种 如维多利亚、金手指等，梢距16厘米，亩定梢3 100 ～ 3 300条。

实验园金手指、维多利亚葡萄梢距16厘米（2012.04.08）

4.果实易日灼品种 如红地球、美人指、大紫王、秋红、翠峰等品种，虽均属中叶型，但由于果实易受日灼，不按中叶型品种定梢，要适当缩小梢距，增加新梢量，增加叶片数，增加叶面积，使叶幕遮住果，以防止果实日灼。一般梢距16厘米，亩定梢3 100 ～ 3 300条。

实验园红地球、美人指葡萄（易日灼品种）梢距16厘米（2012.04.06）

5.要等距离定梢 如定梢稀密不匀，定梢稀的部位枝蔓会超粗，果实易日灼品种会发生日灼；定梢密的部位枝蔓偏细，影响花芽分化，影响坐果，同时透光较差，影响果实着色、成熟。

6.超量定梢园及时抹除多余的梢 超量定梢园全园新梢偏细，单蔓营养积累少，尤其中、下部冬芽营养积累少，影响花芽分化，坐果也不好。超量定梢园应及时抹除多余的梢。

红地球葡萄亩定梢4 250 ～ 4 450条，花期架面郁闭，影响花芽分化和坐果，果实着色差，成熟晚

7.部分品种前期可适当多留梢　巨峰、鄞红葡萄前期可适当多留梢，可避免新梢太旺影响坐果。

浙江宁波鄞州区王岳鸣鄞红葡萄园：前期适当多留新梢，有的芽发出双梢均留，新梢长至60多厘米，按计划定梢量抹除较粗的梢

浙江龙游郑志义鄞红葡萄（左）和巨峰葡萄（右）园：前期适当多留新梢，新梢长至60多厘米，按计划定梢量抹除较粗的梢

8.推广扎丝缚梢，提高工效　经多年实践，扎丝缚梢的好处：①成本低。②速度快，比塑料带缚梢提高工效2倍左右。③可等距离规范定梢，实行蔓、叶数字化管理。

扎丝规格质量：型号为5.5，扁形宽2毫米，长12厘米，1 000条重420克左右。

实验园缚梢前先缚好扎丝

扎丝1 000条一捆约420克

（二）第一次6叶一次性水平剪梢

1. 6叶规范剪梢的好处

（1）促花芽分化关键技术　各品种第一次6叶剪梢花芽分化均较好，尤其花芽分化不稳定的红地球、美人指等品种，可实现年年稳产。

①花芽分化不稳定的红地球、美人指葡萄 。海盐县2006年开

始发展红地球葡萄，遇到的问题是花芽分化不稳定。从2011年开始推广8叶剪梢，2013年开始推广6叶剪梢，花芽分化不稳定得到解决，推动了红地球葡萄发展，至2015年全县红地球葡萄种植面积超过1万亩，占葡萄种植面积50%以上，成为主栽品种。不少红地球葡萄园连续几年亩产量超过2 000千克。

实验园红地球葡萄2008年以来，采用8叶剪梢、6叶剪梢技术，每年花都较多、较大，结果枝率50%以上，控产栽培平均亩产量1 556千克。

实验园红地球葡萄2012年、2014年、2016年挂果状

浙江嘉兴南湖林建中2000年种植美人指葡萄，2001年、2002年按巨峰系葡萄管理花不多。2003年开始采用8叶剪梢栽培技术，2012年开始调整为6叶剪梢，每年都有较多的花，2012年开始3亩美人指葡萄，每年产值超过10万元。2015年亩产量2 280千克，每千克果实售价16元，亩产值36 600元。

浙江嘉兴南湖区林建忠葡萄园美人指葡萄（2014.06.28/2016.05.03）

②花序较小的金手指葡萄能增大花序。实验园金手指葡萄6叶剪梢，花序较大，果穗均重可达到500克以上。

实验园金手指葡萄6叶剪梢挂果状（2010.08.24）

③花芽分化好的品种能增大花序，一蔓双花增加。实验园花芽分化较好的巨峰系品种藤稔、醉金香、鄞红、夏黑、早夏无核等品种，欧亚种大紫王、红芭拉多、红乳、夏至红、维多利亚、秋红等品种，采用6叶剪梢，花序大，一蔓双花稳定在60%以上。

实验园藤稔葡萄第一次6叶剪梢，花序大，成熟果穗均重1 100克，果粒均重22克（2015.06.30）

6叶剪梢3芽冬剪，结果枝径粗1.8厘米，发出2条新梢，4个大花序

实验园大紫王葡萄果穗

（2）冬季可2芽修剪　第一次6叶剪梢，基部节位花芽分化较好，冬季2芽修剪有较多花量。

2芽冬剪

6叶剪梢+8叶摘心

实验园早夏无核葡萄（2014.12.25 / 2015.03.29 / 2015.06.27）

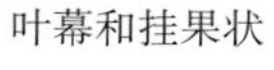

叶幕和挂果状

2芽冬剪

6叶剪梢+8叶摘心

实验园阳光玫瑰葡萄（2013.12.25 / 2014.04.05 / 2014.08.10）

叶幕和挂果状

2芽冬剪

6叶+4叶剪梢+5叶摘心

实验园红地球葡萄（2014.01.05 / 04.10 / 07.21）

叶幕和挂果状

（3）省工　第一次6叶一次性水平剪梢，速度快，不用安排摘卷须用工，省工。

（4）有利果实着色、成熟　6叶剪梢+蔓叶规范管理，叶幕透光性较好，有利果实着色、成熟。

所有品种都可采用第一次6叶一次性水平剪梢。

2.改分批摘心为一次性剪梢　不用单独摘卷须，可提高工效。

一次性剪梢

原方法摘心

不用单独摘卷须

（三）6叶剪梢+9叶摘心

1.采用6叶剪梢+9叶摘心的品种

（1）欧美杂种无核栽培和保果栽培的品种，如夏黑、早夏无核葡萄、醉金香葡萄的无核栽培，以及藤稔、鄞红、巨玫瑰、阳光玫瑰等葡萄的保果栽培。

（2）欧美杂种坐果较好的品种，如黑蜜葡萄。

（3）欧亚种坐果较好的品种，如红乳、京秀葡萄。

2.第一次剪梢期　多数新梢长至7叶左右及时剪梢，约在开始开花前15天左右，不能待到多数新梢长至8叶以上再在6叶节位剪梢。

6叶左右剪梢目的是促基部节位冬芽花芽分化，冬季可搞2芽修剪。

可先缚好梢及时剪梢：萌芽较整齐，新梢生长较一致的园，及时缚梢，可先缚好多数新梢再及时剪梢。

也可先剪梢后缚梢：多数新梢已长至7叶，到了剪梢期尚未缚梢，应先剪梢，过5天左右及时缚梢，最晚在开始开花前缚好梢。

实验园藤稔、醉金香葡萄两种架式先缚梢后剪梢

3.第二次摘心期　第一次剪梢后，顶端发出新梢直接放至计划叶片数摘心，然后强控。棚较高、行距较宽可放至15张叶片摘心，然后强控；棚较低、行距较窄根据实情定叶片数。一行葡萄一个棚的园，叶片放至棚膜摘心，然后强控。

实验园夏黑葡萄第一次6叶剪梢，第二次9叶摘心（2013.03.26/05.24）

实验园醉金香葡萄第一次6叶剪梢，第二次9叶摘心（2013.03.29/06.19）

实验园阳光玫瑰葡萄第一次6叶剪梢，第二次9叶摘心（2015.04.01/06.19）

（四）“6+4”叶剪梢+5叶摘心

1.“6+4”叶剪梢+5叶摘心的品种

（1）多数欧美杂种坐果不好的品种及自然坐果的园，如巨峰、鄞红、宇选1号、辽峰、醉金香、巨玫瑰自然坐果栽培园等。

（2）多数欧亚种品种，如红地球、美人指、大紫王、温克、比昂扣葡萄。

2.第一次剪梢期 多数品种新梢长至7叶左右即可一次性水平剪梢，不能到多数新梢长至8叶以上在6叶节位上剪梢。

6叶左右剪梢目的是促基部节位冬芽花芽分化，冬季可搞2芽修剪。

可先缚好梢及时剪梢：萌芽较整齐，新梢生长较一致的园，可在缚好多数新梢后及时剪梢。

也可先剪梢后缚梢：多数新梢已长至7叶，到了剪梢期尚未缚梢，应先剪梢，过5天左右及时缚梢，最晚在开始开花前缚好梢。

如在开花期缚梢，新梢直立于中部较密，花序部位通风透光较差，易诱发花期病害。开始开花期花序要喷防灰霉病、穗轴褐枯病的农药，如未定好梢，新梢密集在中部，喷药量较多；如定好梢，喷药量较少。

浙江海盐于城朱利良、蔡全法红地球葡萄园：6叶左右先缚梢后剪梢（2011.04.23）

江苏宝应王淮久红地球葡萄园：先剪梢后缚梢（2014.04.20）

3.第二次剪梢期 第一次剪梢后20天左右，顶端多数新梢长至5叶左右及时一次性剪梢。

预计坐果不好的园，应在开始开花第五天以前及时剪梢，有利提高坐果。

双十字V形架可先剪梢后缚梢，也可先缚梢后剪梢。

V形水平架必须先剪梢，过5天以后再缚梢。如先缚梢，因新梢太嫩易断梢。

4.第三次分批摘心时期 第二次剪梢后顶端发出新梢不整齐，要分批摘心；达到计划叶片数的梢及时摘心，然后强控；一行葡萄一个大棚架的园，顶端新梢长至棚膜时及时摘心，然后强控。

实验园红地球葡萄V形水平架，"6+4"叶剪梢+5叶摘心（2013.04.08/04.28/08.30）

（五）不留副梢省工栽培

1.不留副梢栽培好处

（1）省工　留副梢栽培用工较多，尤其副梢发枝力强的品种，副梢留1叶或2叶摘心后还会发出副梢，抹副梢用工量大。不留副梢栽培可节省抹副梢用工。

（2）有利果实着色成熟　不留副梢栽培叶幕透光较好，有利果实着色成熟。

浙江海盐蔡全法红地球葡萄，梢距16厘米不留副梢，叶幕能遮果防果实日灼（2015.04.08/07.09）

2.剪梢和抹副梢间隔期　多数品种剪梢和抹副梢间隔期5天内会逼上部冬芽萌发，间隔期超过5天一般不会逼冬芽萌发。因此，为了防止冬芽逼发，剪梢和抹副梢间隔期必须超过5天。

剪梢后5天内抹副梢冬芽逼发（2012.04.14）

剪梢后5天以上抹副梢冬芽不会逼发(2012.04.18)

3.对顶端发出副梢强控　达到叶片数后，顶端发出副梢要反复抹除，进行强控。

实验园醉金香葡萄：叶片数达到后顶端发出的副梢须及时抹除(2013.04.27)

4. 7～9月继续处理副梢　7～9月大棚栽培多数品种陆续上市售完，少数晚熟品种至国庆市还在上市销售。已采收完和正在采收上市的园副梢继续生长，会导致架面郁闭；有的顶梢伸长至旁边株，有的顶梢伸长至畦面，果实尚未采收完的园影响果穗着色，诱发果实病害；果实完全采收的园消耗大量营养。因此,7～9月要继续处理副梢。

浙江海盐林胜华、富菊明红地球葡萄园：及时处理顶端刚发出的芽梢，叶幕上没有嫩梢（2015.07.09/07.22）

5.葡萄采收后继续处理副梢 葡萄采收后，顶端副梢发得较快，会发出数条副梢，消耗很多营养，架面郁闭，影响叶片光合功能。因此，根据副梢发生情况，要及时多次抹除。

实验园阳光玫瑰、巨玫瑰葡萄采收后继续抹除顶端发出副梢（2015.08.20）

实验园早夏无核葡萄采果后顶端发出副梢架面郁闭，须及时多次处理(2015.07.24/08.20)

实验园红地球葡萄、海盐武原红地球葡萄和大紫王葡萄均及时处理副梢，棚面上没有嫩梢

第六章
适产栽培、中穗栽培促早熟

花穗管理与成熟期关系较密切，适产栽培、中穗栽培及选好、用好果实膨大剂，比高产栽培、大穗栽培及果实膨大剂选择、使用不当成熟要早得多。

一、适产栽培比高产栽培成熟早

（一）超量挂果高产栽培弊害多

所有葡萄品种，稳产栽培技术到位，花芽分化均较好，均容易高产。

1. 高产栽培较普遍　全国各葡萄产区亩产量超过2 000千克的葡萄园较多，有的超过3 000千克。

藤稔葡萄高产栽培（浙江台州路桥）

巨峰葡萄高产栽培（江西新余）

夏黑葡萄高产栽培（广西兴安）

红地球葡萄高产栽培（浙江仙居）

美人指葡萄高产栽培（浙江遂昌）

温克葡萄高产栽培（江苏泰州）

2. 高产栽培弊害　成熟推迟；诱发果实白腐病、溃疡病；果实着色差，含糖量降低，果实质量差，高产量生产的“大路货”果实，售价较低，效益不好；果穗管理用工多，成本高。

（二）控产栽培好处

控产栽培可克服、避免高产栽培各种弊害，能够做到适时成熟，果实病害较轻，果实着色正常，含糖量较高，生产出优质果实，售价较高。同时果穗管理用工较少，成本较低。

夏黑葡萄着色度和成熟期对产量很敏感，产量高，着色差，成为“夏红”，甚至“夏青”，亩产量超1 750千克，只能着紫红色，产量超2 000千克，只能着红色。产量高，成熟晚，早熟品种变为中熟，甚至晚熟。产量高还会加重果实白腐病发生。

实验园夏黑葡萄栽培行距2.5米，株距4.0米，亩栽66株。2011年1月25日覆膜，3月3日萌芽，4月16日开始开花。不同挂果量试验：每株分别挂果20串、37串、50串，即每亩挂果1 320串、2 440串、3 300串，果穗均重750克左右。果实成熟期分别为6月29日、7月18日与8月6日，开始开花至成熟分别为74天、93天与112天。挂果越多成熟越晚，早熟品种成为中熟品种。

实验园挂果量试验，亩挂果分别为1 330串、2 440串、3 300串，成熟期分别为6月29日、7月18日、8月6日（2011.06.29/07.18/08.06）

浙江嘉善天凝镇高玉娥夏黑葡萄大棚双膜覆盖栽培，每米定穗8串，亩定穗2 000串，亩产量1 500千克，6月15日开始上市（左、中）。每米定穗10串，亩定穗2 500串，亩产量1 850千克，果实尚未成熟（右）。

浙江嘉善天凝镇高玉娥夏黑葡萄园：不同挂果量的果穗（2016.06.19）

（三）按果实销售价格定产量

每千克果实售价20.00元以上，亩控产1 000千克左右；
每千克果实售价10.00 ～ 20.00元，亩控产1 000 ～ 1 500千克；
每千克果实售价6.00 ～ 10.00元，亩控产1 500千克；
每千克果实售价6.00元以下，亩控产不超过2 000千克。

实验园夏黑、巨玫瑰、金手指葡萄亩控产1 250千克

特别注意：夏黑、巨玫瑰葡萄亩产控制在1 500千克以内，否则着色困难。

实验园红地球、美人指、醉金香葡萄亩控产1 500千克

（四）按果穗大小定穗、控产

坐果后预估果穗重量，按上述控产指标确定穗数，多定5%预备穗。稳产型栽培，亩控产1 500千克，果穗均重1 500克，亩定穗1 050串；果穗均重1 000克，亩定穗1 600串；果穗均重500克，亩定穗3 150串。

根据种植株数，定每株穗数，即按株定穗。

实验园：红地球葡萄10蔓5串果穗（2012.08.05）

实验园：藤稔葡萄10蔓7串果穗（2012.07.16）

（五）适时定穗，要一次定穗

（1）定穗期　坐果后，约在见花后18天即可定穗，宜早不宜晚。

（2）定穗量　按计划产量确定定穗量。如亩定产1 500千克：穗重600克，亩定穗2 500串；穗重800克，亩定穗1 750串；穗重1 000克，亩定穗1 500串；穗重1 200克，亩定穗1 250串。外加5%预备穗。

（3）定穗　选留好的果穗、早开花的果穗；剪除不好的果穗、迟开花的果穗。要一次定穗，不宜多次定穗。

特别注意：开花前不宜定穗，宜坐好果后定穗。

实验园：阳光玫瑰、红地球、夏黑葡萄株距4米分别定28串、20串、32串果穗（2016.05.10）

二、中穗栽培，有利提早成熟

（一）大果穗栽培弊害多

1.大穗栽培表现　所有葡萄品种，栽培技术到位，花芽分化均较好，均容易种出大果穗、超大果穗。红地球葡萄果穗均重超过1 500克，藤稔、醉金香、夏黑葡萄果穗均重超过1 000克。

夏黑葡萄大穗栽培，果穗均重1 000克以上

巨峰葡萄大果穗栽培，成熟果实着色差

醉金香葡萄特大果穗

红地球葡萄果穗长30厘米

大紫王葡萄大穗栽培，穗重2 000克以上

2.大果穗栽培弊害　成熟期推迟；诱发果实白腐病、溃疡病；果穗中部烂果多，果实着色差，含糖量降低，果实质量差，售价较低；果穗管理用工多，成本高。

红地球葡萄大果穗中部着色差，成熟晚

广西兴安早熟夏黑葡萄大穗栽培与中熟巨峰葡萄同期上市销售（2010.08.18）

红地球葡萄果实白腐病大果穗发病重，中果穗发病轻。

浙江海盐通元镇通北村常泉林：大棚单膜促早熟栽培2块红地球葡萄，一块2亩中穗栽培，果穗均重1 200克，7月8日已开始上市销售，果实白腐病发生很轻，每亩剪掉病果25千克。另一块7亩大穗栽培，果穗均重1 500克，至7月8日每亩已剪掉果穗145千克，白腐病持续发生。

浙江海盐通元镇通北村常泉林：红地球葡萄中果穗栽培，果实白腐病发生很轻（左）；大果穗栽培，果穗白腐病发生较重（中、右）（2016.07.08）

浙江海盐通元镇朱跃里：4亩红地球葡萄大棚单膜促早熟栽培，1米1株定穗7串，亩定穗1 750串，大果穗栽培，果穗均重1 700克左右。6月底果实已开始着色，发生果穗白腐病，至7月8日每株已剪去发病果穗3串，每亩共剪去果穗750串，占42.9%。

浙江海盐通元镇朱跃里：红地球葡萄大果穗栽培，果穗白腐病严重发生，每米已剪去病果3串（2016.07.08）

较抗白腐病的夏黑葡萄大果穗栽培，开始着色至即将成熟和已成熟的果穗，较普遍发生果穗白腐病（2013.06.26）

（二）中穗栽培好处

中穗栽培可克服、避免大穗栽培各种弊害，利于适时成熟，果实着色正常，含糖量较高，生产出优质果实，售价较高。同时，果实病害较轻，果穗管理用工较少，成本较低。

实验园：早夏无核葡萄中穗栽培成熟果穗（2016.06.05）

浙江海盐于城镇蔡全法葡萄园：红地球葡萄中穗栽培，果穗均重1 100克（2013.07.09）

（三）认真整花序、整果穗、疏果粒

中穗栽培要种出精品果。

精品果标准：果穗中等大，果穗完整，全园果穗长度、宽度、重量基本一致，每穗果粒数、果粒重、着色度基本一致。

实验园欧美杂种葡萄精品果穗标准：果穗近圆筒形，果穗长20厘米左右，果穗宽13 ~ 14厘米，果穗较紧密，果穗粒数、果穗重、果粒重根据品种特性定，一个品种全园基本一样。

实验园欧亚种葡萄精品果穗标准：果穗长20厘米左右，果穗中等紧密，果穗粒数、果穗重、果粒重根据品种特性定，一个品种全园基本一样。

1. 重整花序　所有品种中穗栽培都要重整花序。

（1）重整花序好处多　改变穗形，是中穗优质果的基础；能提高坐果；减少疏果用工等。

实验园：夏黑葡萄整花序，果穗近圆筒形

云南建水杨彦碧葡萄园：夏黑葡萄不整花序，果穗圆锥形

（2）整花序时期　开始开花前3天至开始开花后3天，在7天中整好花序。

（3）整花序部位和程度　根据品种特性分为两类：

一类：巨峰系等欧美杂种根据花序长度，用两种方法整花序。

一是大花序整边又整长：先按10厘米左右长留穗的尖部，剪掉上部分枝；留下的花序上部仍有较长分枝，留下一节花蕾将前部花蕾用手掐掉。

实验园：藤稔（左）、醉金香（右）葡萄开花期留尖部10厘米整花序

二是中、小花序整边不整长　用双手将上部较长的3～4条分枝整成1厘米长即可，长度不整。

实验园：醉金香、巨玫瑰、夏黑、藤稔葡萄花序整边不整长

二类：红地球等大穗形品种整上部分枝。根据栽培要求，将花序整成15厘米、17厘米等长度。先剪除尖部1厘米左右花蕾，再按要求将花序留成15厘米、17厘米等长度，将上部分枝全部剪掉。

浙江海盐县红地球葡萄开花前整掉上部若干条分枝，下部留17厘米长

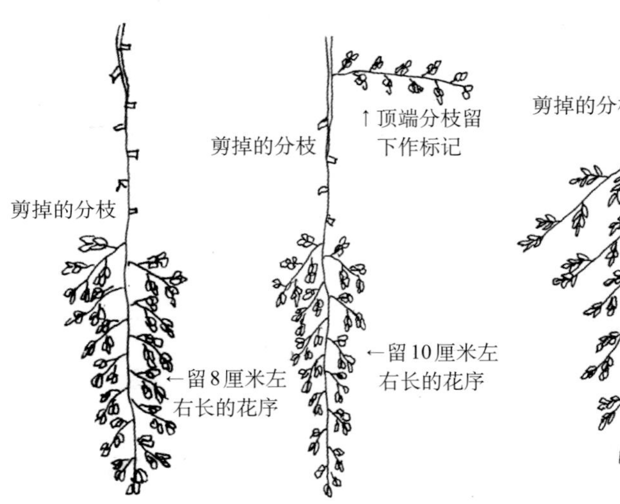

巨峰系品种开花前重整花序模式图（杨治元，2015）

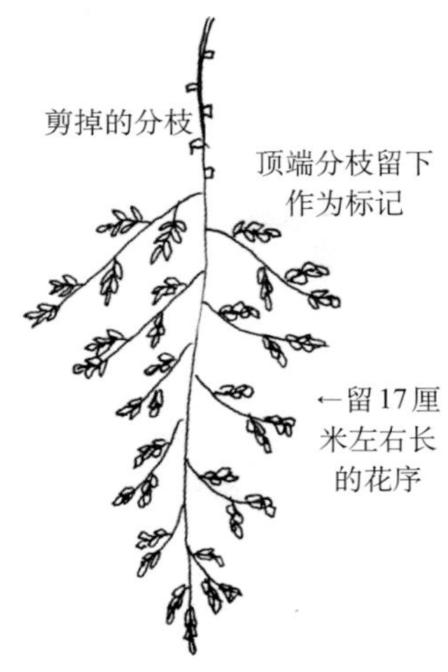

红地球葡萄开花前重整花序模式图

2. 认真整果穗

（1）整果穗好处　全园果穗大小基本一样；减少疏果用工等。

实验园：夏黑葡萄整花序、整穗园，全园果穗形状、大小一致（2016.07.15）

云南建水：夏黑葡萄不整穗的园，果穗形状、大小相差较大（2013.04.16）

实验园：秋红葡萄整果穗，果穗长22厘米（2014.10.01）

实验园：秋红葡萄不整果穗，果穗长30厘米（2014.10.01）

（2）整果穗时期　坐好果即可整穗，开始开花第18天可开始整穗，时期宜早不宜迟。

（3）巨峰系品种整果穗部位、程度和方法

①整果穗程度。根据栽培者要求定整穗长度。成熟果穗重500克，穗长12厘米；成熟果穗重600克，穗长14厘米；成熟果穗重700克，穗长16厘米；成熟果穗重800克，穗长17厘米。实验园中穗栽培穗长整成16厘米，成熟果穗长20厘米左右。

②整果穗部位。肩部形状好剪尖部，肩部形状不好剪肩部分枝。

③整果穗方法。左手拿整穗长度的小竹条，右手拿剪刀整穗，速度较快。

鄞红葡萄按16厘米长剪除上部分枝（2011.05.01）

鄞红葡萄按16厘米长剪除穗尖（2011.05.01）

实验园：夏黑、藤稔葡萄按16厘米长整穗（2011.05.05）

（4）阳光玫瑰葡萄整果穗部位、程度和方法　根据整花序长度不同整果穗。

①整花序长10厘米左右和整边不整长的果穗：按穗长14 ~ 16厘米整穗。

整果穗部位：肩部形状好剪尖部，肩部形状不好剪肩部分枝。

整果穗方法：左手拿整穗长度的小竹条，右手拿剪刀整穗，速度较快。

实验园：阳光玫瑰葡萄花序整边不整长和长8厘米以上整花序的果穗，坐果后按14 ~ 16厘米长整穗（2016.05.06）

实验园：阳光玫瑰葡萄整花序长6厘米，坐果后的穗宽15 ~ 20厘米（2016.05.05）

②整花序时尖部花序留7厘米以下果穗：既整长又整边，即按穗长14 ~ 16厘米整长度，横向超过8厘米的果穗按8厘米整穗，否则果穗不完整，商品性差。

实验园：阳光玫瑰葡萄坐果后穗宽超过8厘米，整长又整宽，穗宽8厘米左右（2016.05.05）

（5）红地球等大穗形品种整果穗部位、程度　已整花序的果穗，按栽培者定位认真整果穗。坐果后较长果穗将穗尖稍剪去，剪成全园一样长。上部较长的分枝按8厘米左右剪穗，整穗后全园果穗大小基本一样。

没有整花序的园，大果穗、特大果穗要整穗，中、小果穗不必整穗。要整穗的果穗，剪去2厘米长的穗尖，按留长18厘米左右剪掉上部分枝。整穗后果穗中等大小。

浙江海盐蔡全法红地球葡萄园：整果穗步骤及整好的果穗（2016.04.21）

实验园：超大粒红地球葡萄按穗长18厘米、穗宽8厘米整穗（2016.05.10）

3. 认真疏果粒　精品栽培所有品种都要疏果。

（1）疏果粒好处　使全园果穗大小基本一样、果粒大小基本一样，是中穗精品栽培的关键技术之一。

（2）疏果时期　分两次进行：

第一次：按品种类型确定疏果时期。

巨峰系品种：坐好果，果粒大小分明即应疏果。疏果宜早不宜晚，推迟疏果会影响果粒膨大。

红地球等大穗形品种：疏果期可适当推迟。红地球葡萄果粒横径达2厘米可开始疏果，一直至硬核期都可疏果。美人指葡萄果粒花生米大时可疏果。

第二次：硬核期再疏一次果。

（3）疏果程度　按中穗栽培疏果。

第一次：疏去小粒果、过密的果。疏好果的果穗着粒较均匀。

每穗留果粒数视品种特性和栽培者对果穗、果粒大小定位而定。

醉金香葡萄：无核栽培每穗留果100粒左右。

巨玫瑰葡萄：只保果不用膨大剂膨大，每穗留果100粒左右。

夏黑、早夏无核葡萄：每穗留果100粒左右。

藤稔葡萄：超大果栽培每穗留果50粒左右；大果栽培每穗留果60粒左右。

巨峰葡萄：穗重500克左右每穗留果40粒左右。

阳光玫瑰葡萄：每穗留果60 ～ 80粒。

红地球、大紫王葡萄：每穗留果80 ～ 100粒。

上述品种小果穗栽培，每穗果粒数相应减少。

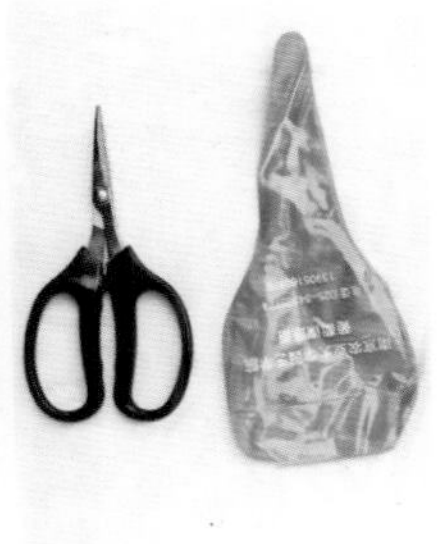

夏黑葡萄疏果及疏果剪

实验园：醉金香葡萄疏果后每穗100粒左右，硬核期第二次疏果及疏果后的果穗（2010.05.11/05.30/06.06）

第二次：硬核期疏果。

巨峰系品种：果实进入硬核期，着粒较紧，有的果穗像玉米棒一样，必须疏掉部分果粒，使果穗松动，有利果粒膨大，否则成熟果穗会出现小粒果。

红地球等大穗型品种：果实进入硬核期，疏掉果粒较小的果，提高果穗质量。

实验园：夏黑葡萄疏果后每穗100粒左右，硬核期第二次疏果及疏果后的果穗（2011.05.12/05.30/06.07）

实验园：藤稔葡萄疏果后每穗50粒左右，硬核期第二次疏果及疏果后的果穗（2011.05.12/05.26/06.03）

实验园：阳光玫瑰葡萄第一次疏果和疏好果的果穗（2016.05.15/06.06）

实验园阳光玫瑰葡萄，开始开花65天，即果实第一膨大期结束，进行第二次疏果，有小粒果的果穗占16.3%，每穗疏掉小粒果平均2.6粒。小粒果纵横径1.8厘米×1.5厘米，正常果2.4厘米×1.8厘米。

实验园：阳光玫瑰葡萄开始开花65天进行第二次疏果疏出的小粒果（2016.06.14）

实验园：金手指葡萄疏果

实验园：比昂扣葡萄疏果

实验园：红地球葡萄疏果

实验园：大粒红地球葡萄疏果

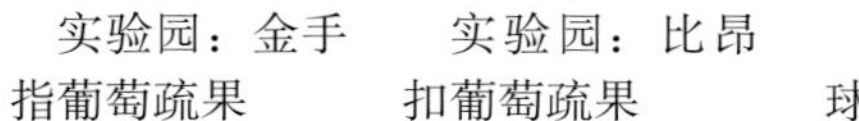

特别注意：南方红地球葡萄整穗、疏果要在晴天上午8点后进行，手不能触摸果粒。晴天上午8点前及阴、雨天整穗、疏果或整穗、疏果时手触摸果粒，果粒要“变脸”。

红地球葡萄整穗、疏果时手触碰果粒，果粒“变脸”

三、选好、用好无核剂（保果剂）和果实膨大剂

（一）植物生长调节剂对人体无害

1.植物内源激素 植物激素是植物体内产生的活性物质，起到调节植物生命活动整个进程的作用。植物体内缺少这些活性物质，便不能正常生长发育，甚至会死亡。到目前为止，得到公认的植物激素有六大类：生长素、赤霉素、细胞分裂素、脱落酸、乙烯和芸薹素内酯。

2.植物生长调节剂 是人们在了解天然植物液素的结构和作用机制后，由人工合成或微生物发酵生产出的与内源激素具有类似效应的物质称植物生长调节剂。目前已广泛应用于农业生产，是科技进步的表现。

3.植物生长调节剂对人体无害 植物生长调节剂是小分子结构，对动物不起作用。因此，植物上使用的植物生长调节剂对人体无害。

（二）选好、用好果实膨大剂

巨峰系葡萄因坐果性较差，使用无核剂（保果剂）、果实膨大剂栽培较多。藤稔、醉金香、阳光玫瑰等葡萄品种使用无核剂（保果剂）、果实膨大剂能改变果穗、果粒性状，增效显著。

1.确定该不该使用 该使用的品种应使用，如巨峰系多数品种进行无核、膨大栽培效果较好，增效较显著，应使用。多数欧亚种使用膨大剂效果不明显，不应使用。

通过栽培措施可解决的应不用植物生长调节剂。长势较旺的品种通过减氮栽培减缓长势，就不必使用生长延缓剂。硬核期通过主干环剥能促着色达到提早成熟效果，就不必用催红剂促提早成熟。

2.选好果实膨大剂

（1）选用有“三证”的膨大剂 没有“三证”的膨大剂不宜

选用。

（2）不同品种要选用不同的果实膨大剂

夏黑葡萄：应选用果粒中等大、着紫色的膨大剂；果粒大、着红色的膨大剂不宜选用。

藤稔葡萄：应选用膨大效果好、裂果轻的膨大剂；膨大效果好、裂果较重的膨大剂不宜选用。

醉金香葡萄：应选用膨大效果较好，涩味轻，果梗不粗硬的膨大剂；膨大效果好，涩味较浓，果梗粗硬的膨大剂不宜选用。

红地球葡萄：宜选用“红提大宝”。

维多利亚葡萄：宜选用“葡丰灵”。

用于巨峰系的膨大剂不宜用于欧亚品种上。

3.使用浓度 按规定使用浓度能适时成熟。不能随意提高使用浓度，否则会推迟成熟。

使用浓度还应根据树体长势调节。如阳光玫瑰葡萄树体长势较弱可适当提高使用浓度。

4.使用次数 果实膨大剂使用2次比使用1次成熟期要推迟5～7天。多数品种只能用1次，藤稔葡萄可使用2次。但藤稔葡萄长势较弱的园只能用1次。

（三）夏黑、早夏无核葡萄保果、果实膨大栽培

夏黑葡萄属三倍体，天然无核，花序、果穗要用相关植物生长调节剂处理2～3次。使用3次：拉长花序，保果，促果实膨大；使用2次：保果，促果实膨大，花序不拉长。

1.拉长花序

（1）重要性 花序拉长后按要求剪短，即“拉拉长剪剪短”，亩疏果用工可减至2～3个工。

（2）处理时期 7～8叶定好梢即可进行拉长花序处理，时期约在开始开花前15天。

（3）拉长剂选择和浓度 5毫克/升赤霉酸。用1克美国

产赤霉酸——奇宝，兑水40千克浸花序，可以拉长花序1/3左右。

如用国产赤霉酸按有效成分计算，有效成分含量75%，1克赤霉酸对水150千克。

（4）处理方法　最好用一次性茶杯盛满赤霉酸液，一手拿杯，一手食指将花序轻轻弯压至药液中，花序全部浸到后即可拿出。

注意：一条新梢有2个花序，只处理下部花序，上部花序不必处理

5毫克/升赤霉酸液浸花序和拉长花序效果

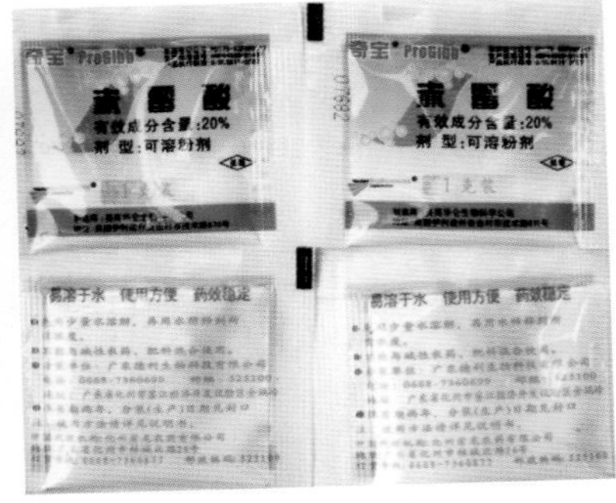

美国产赤霉酸——奇宝

花序拉得过长的花穗应及时采取措施：花序拉得过长，坐果后果穗太长、太稀疏，影响商品性。

2015年实验园有一株开花较晚的葡萄花序，与早开花7天的花序同时处理，结果花序拉得太长。发现后于开花前按16厘米长进行剪掉尖部花序处理，留3串花序不剪进行对比观察。结果表明，开花前剪掉尖部的花穗能有效提高坐果，能提高果穗商品性。不剪掉尖部的花序，坐果后果穗长达30多厘米，果穗松散，商品性较差。

实验园：早夏无核葡萄花序拉得太长（2015.04.22）

实验园：早夏无核葡萄花序拉得过长的坐果状（2015.05.10）

拉得过长的花序于开花前按16厘米长剪掉尖部，坐果正常（2015.05.10）

2. 保果剂处理

（1）重要性　夏黑葡萄是三倍体，坐果差，必须保果，不保果处理商品价值差。

（2）保果剂选择和使用浓度　实验园用“农硕”牌赛果美（大果宝）保果。“农硕”牌赛果美（大果宝）主要用于巨峰系品种。

保果处理使用浓度为果实膨大处理使用浓度的1/2，即对水量

夏黑葡萄未保果和未保好果的果穗

增加1倍。如“农硕”牌赛果美果实膨大剂，用于果实膨大1包对水5千克，用于保果1包对水10千克（先用酒精溶解）。

（3）保果时期与分批保果　一块葡萄园开始开花第二天算开始开花期。全园开花期10天以内的，可一次性处理，即开始开花第十天左右处理。

大棚栽培开花期超过12天的要分批保果，即第一批开始开花第十天左右处理已开好花的花穗，作好记号，过2天第二批处理已开好花未处理过的花穗，直到全部花穗保好果。

分批保果园可用不同颜色的塑料片作记号，省工。

不同颜色的标记塑料片

（4）处理方法　可用微喷雾器喷果穗，此时花穗小，容易喷到全穗。

（5）混配防灰霉病农药　可混配嘧霉胺1 000倍液（施佳乐）防灰霉病、穗轴褐枯病效果好。此时叶幕、果穗不必再喷防灰霉病农药。

实验园：见花第十天用低浓度赛果美喷花序保果，混配施佳乐1 000倍液（2016.04.22）

实验园：右边花序未保果坐果状

3. 膨大剂处理

（1）膨大剂选择　生产上有多种配方在使用。实验园用“农硕”牌果实膨大剂赛果美（大果宝），连续使用效果较好，果粒均重8克左右，着黑色，果粉厚。

（2）使用浓度　每包对水5千克。特别注意：膨大剂使用浓度不能提高，不要追求大果粒。

（3）使用时期　见花24天左右处理果穗一次即可。

实验园：夏黑葡萄开始开花24天用“大果宝”液浸果穗，混配喹啉铜1 500倍液

(4) 使用方法　可用微喷雾器全穗喷到即可。

(5) 混配防病农药　视果实发病情况选用农药。发生果实白粉病，混配2 000倍三唑铜喷果穗；没有发病可混配1 500倍喹啉铜保护，防多种病害。

植物生长调节剂处理（左）与未处理果穗（2011.05.15）

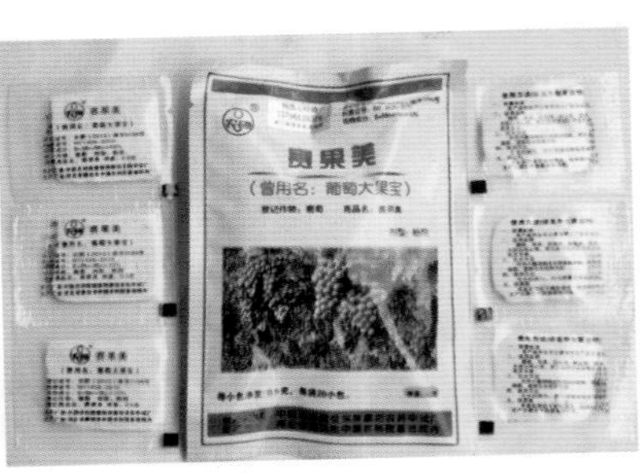

“农硕”牌赛果美（大果宝）

实验园：夏黑葡萄用赛果美（大果宝）处理栽培挂果状（2013.06.25）

（四）阳光玫瑰葡萄无核、膨大栽培

1.适合阳光玫瑰葡萄的保果剂、膨大剂　赤霉酸和氯吡脲复配，配套栽培技术到位，小粒僵果较少，果粒较大，椭圆形，果粒均重可达12 ~ 14克。实验园阳光玫瑰葡萄处理后果粒重18 ~ 20克，不空心。

"兰月"牌氯吡脲

调查到阳光玫瑰葡萄种得好的河南省农业科学院新乡基地、江苏南通奇园公司基地、南京农业大学葡萄园等，均采用赤霉酸和氯吡脲复配。实验园2016年调整保果剂、膨大剂的使用，采用赤霉酸和氯吡脲复配表现较好。

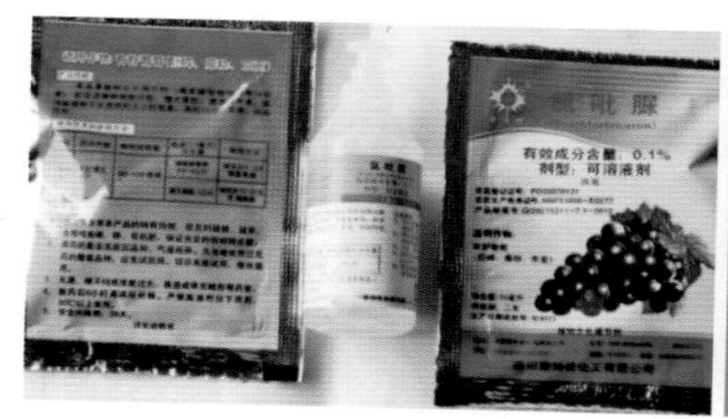

"果旺"牌氯吡脲

2.保果剂配方和使用

（1）配方　赤霉酸25毫克/升+氯吡脲（吡效隆）1.25 ~ 2.5毫克/升。

（2）对水　20%的美国产奇宝1克+四川施特优公司生产的0.1%氯吡脲（吡效隆）10毫升或20毫升（1包或2包），对水8.0千克。

（3）使用期与分批保果　一串花穗开完花第三天处理，隔2天再处理第二批开完花的花穗，再隔2天处理开完花的花穗，直至全园的花穗处理完。分批处理用不同颜色的塑料片作记号。

（4）使用方法　浸花穗或微喷花穗。

（5）混配防灰霉病农药　可混配施佳乐（嘧霉胺）1 000倍液等。

实验园：用赤霉酸25毫克/升+氯吡脲（吡效隆）1.25毫克/升混配，再配1 000倍嘧霉胺浸果穗和喷果穗（2016.04.22）

实验园：阳光玫瑰葡萄保住果的果穗和没有保住果的果穗（2016.05.04）

3.膨大剂配方和使用

（1）配方　赤霉酸25毫克/升+氯吡脲（吡效隆）3.75毫克/升。

（2）对水　20%的美国产奇宝1克+四川施特优公司生产的0.1%氯吡脲（吡效隆）30毫升（3包），对水8.0千克。

（3）使用期　开始开花第27天左右处理。

（4）使用方法　浸果穗或微喷果穗。

（5）混配农药　视果实发病情况选用农药。发生果实白粉病，混配2 000倍的三唑铜喷果穗；没有发病可混配1 500倍喹啉铜防护，可防多种病害。

(6) 根据树体长势调整使用浓度　上述使用浓度是树体长势好，叶片较大的园。树体长势中庸，叶片中等大的园，可适当提高浓度，赤霉酸可提高到30 ~ 50毫克/升，氯吡脲（吡效隆）可提高到5.0毫克/升。

实验园：阳光玫瑰葡萄膨大剂处理果穗，膨大剂中混配1 500倍喹啉铜保护(2016.05.12)

实验园：阳光玫瑰葡萄整花序、保果、膨大处理果穗（2016.07.25）

（五）醉金香葡萄无核栽培

醉金香葡萄无核栽培，无核剂、膨大剂生产上用的配方很多，不少是没有“三证”的。笔者推荐有“三证”的2种配方。

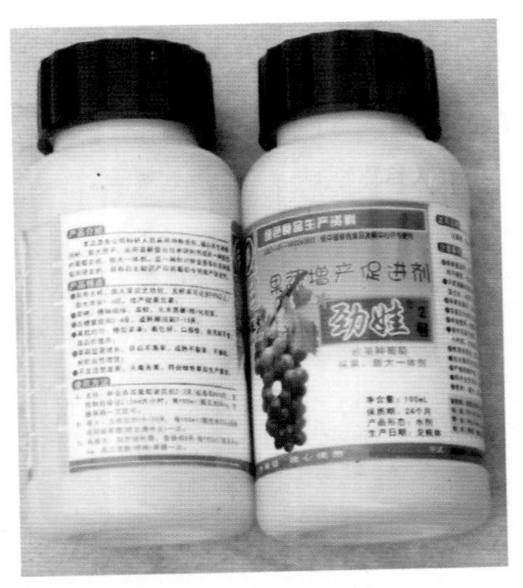

果蔬增产促进剂——劲娃

1.醉金香葡萄“劲娃”处理无核栽培

“劲娃”是陕西生产的无核剂、果实膨大剂，分2瓶装，均为100毫升，即1号剂为无核保果，2号剂促果实膨大。

（1）无核处理　用1号剂。

①使用期与分批处理。一个花序开完花为处理适期，即开完花第二天处理，过2天再处理开好花未处理的花穗，直到全园花穗处理完。每批处理过的花穗要作好记号。推荐用不同颜色的塑料片作记号。

实验园：醉金香葡萄用“劲娃”分次（3次）分批无核处理，作好记号

②对水量。100毫升对水50千克。

③使用方法。浸花穗或微喷花序。

④混配农药。可混配嘧霉胺（施佳乐）1 000倍液防灰霉病。

（2）膨大处理　用2号剂。

①使用期。于开始开花24 ~ 28天，果粒花生米大时使用。

②对水量。100毫升对水25千克。

③使用方法。浸花穗或微喷花序。

④混配农药。视果实发病情况选用农药。果实发生白粉病混配三唑铜2 000倍液喷果穗；没有发病的可混配喹啉铜1 500倍液，防多种病害。

实验园：醉金香葡萄用“劲娃”浸果穗，配喹啉铜防病害（2011.05.05）

2.醉金香葡萄赛果美（大果宝）处理无核栽培

实验园用“农硕”牌赛果美（大果宝）处理醉金香葡萄进行无核栽培13年，效果为：果梗不硬，不产生僵果，果实涩味很淡，果实品质较好，果粒均重达11克左右。

（1）无核处理

① 使用期与分批处理。一个花序开完花为处理适期，即开完花第二天处理，过2天再处理开好花未处理的花穗，直到全园花穗处理完。每批处理过的花穗要作好记号。推荐用不同颜色的塑料片作记号。

②对水量。1包对水10千克。先用酒精溶解。

③使用方法。浸花穗，或微喷花序。

④混配农药。可混配嘧霉胺（施佳乐）1 000倍液防灰霉病。

(2) 果实膨大处理

①使用期。于开始开花24 ～ 28天，果粒小花生米大时使用。

②对水量。一包对水5千克。先用酒精溶解。

③使用方法。浸花穗或微喷花序。

④混配农药。视果实发病情况选用农药。果实发生白粉病混配三唑铜2 000倍液喷果穗；未发病的可混配喹啉铜1 500倍液，防多种病害。

实验园：醉金香葡萄用“大果宝”处理挂果状（2014.08.02）

（六）藤稔葡萄超大果栽培

浙江嘉兴地区藤稔葡萄，较大面积地采用保果和超大果栽培，果粒均重超25克，市场售价较高，亩产值2万多元。

10多年实践表明，赛果美（大果宝）适用于藤稔葡萄，且优于其他配方。

1.保果处理

(1) 使用期与分批处理　开花期12天以内的，开始开花10天左右一次性处理。开花期超过12天的要分批处理，第一批于开始开花10天左右处理已开好花的花穗，过2天再处理开好花未处理的花穗，直到全园花穗处理完。每批处理过的花穗同时要作好记号，推荐用不同颜色的塑料片作记号。

（2）对水量　每包对水10千克。先用酒精溶解。

（3）使用方法　浸花穗或微喷花序。

（4）混配农药　可混配嘧霉胺（施佳乐）1 000倍液防灰霉病。

2. 果实膨大处理

（1）使用期

第一次：于开始开花27 ～ 30天，果粒小花生米大时使用。

第二次：第一次处理后7 ～ 10天。

（2）对水量　一包对水5千克。先用酒精溶解。

（3）使用方法　浸果穗或微喷果穗。

（4）混配农药　视果实发病情况选用农药。发生白粉病的混配三唑铜2 000倍液喷果穗；未发病的可混配喹啉铜1 500倍液，防多种病害。

实验园：藤稔葡萄见花第十天用大果宝保果

实验园：藤稔葡萄见花第二十七天左右用大果宝浸果穗，隔7 ～ 10天再处理1次

实验园：藤稔葡萄用大果宝处理超大果果穗，果粒均重30克（2010.07.30）

特别提示：树势中等或较弱的园只能处理一次。

（七）鄞红葡萄保果、膨大栽培

1.生产上存在的问题 树体偏旺坐果不好，无核小果较多，果实第二膨大期裂果较重。落果、小果、裂果是鄞红葡萄主要问题，解决好“三果”问题就能种好鄞红葡萄。

2.保果、膨大栽培能解决“三果”问题 实验园2009年以来采用保果、膨大技术，坐果好，无小粒僵果，无裂果，果粒均重12克左右。结合硬核期主干环剥能着紫红色。

3.保果、膨大剂选择 实验园实践和生产园调查，处理剂选用赛果美（大果宝）为好。

4.保果处理

（1）使用期 开花期12天以内的，开始开花10天左右一次性处理。开花期超过12天的要分批处理，第一批于开始开花10天左右处理已开好花的花穗，过2天再处理开好花未处理的花穗，直到全园花穗处理完。每批处理过的花穗要同时作好记号，推荐用不同颜色的塑料片作记号。

（2）对水量 每包对水10千克。先用酒精溶解。

（3）使用方法　浸花穗或微喷花序。

（4）混配农药　可混配嘧霉胺（施佳乐）1 000倍液防灰霉病。

5. 膨大处理

（1）使用期　应使用1次，不宜使用2次。于开始开花27 ～ 30天，果粒小花生米大时使用。

（2）对水量　一包对水5千克。先用酒精溶解。

（3）使用方法　浸果穗或微喷果穗。

（4）混配农药　视果实发病情况选用农药。发生白粉病的混配三唑铜2 000倍液喷果穗；未发病的可混配喹啉铜1 500倍液，防多种病害。

实验园：鄞红葡萄用大果宝保果、膨大处理的优质果穗（2014.08.24）

第七章
减氮增钾栽培促成熟

一、超量施肥表现

超量施肥主要表现为超量施用氮素肥料，其次是部分葡萄园存在超量施用磷素肥料。

1992—2010年笔者对浙江、江苏、上海、湖南、湖北、江西、广西等7个省、自治区、直辖市90块葡萄园的施肥情况进行了调查，品种涉及藤稔、醉金香、巨玫瑰、京亚、超藤、巨峰、贵妃玫瑰等7个欧美杂种，以及无核白鸡心、红地球、大紫王、美人指、维多利亚、奥古斯特等6个欧亚种。调查结果表明：

（一）全年超量施肥

调查的90块葡萄园，氮素亩用量超过40千克的园占58.3%，表现为全年超量施肥。

浙江嘉兴一农户种醉金香葡萄17亩，3年树龄，产量905千克。2007年用肥：鸡粪2 000千克，饼肥125千克，尿素80千克，氮、磷、钾复合肥100千克，过磷酸钙50千克，硫酸钾30千克，折合纯氮90.1千克，五氧化二磷54.9千克，氧化钾48.2千克。

（二）前期超量施肥

主要表现开花前超量施肥。

浙江海盐醉金香葡萄无核栽培，2010年11月亩施鸡粪1 500千克，2011年从催芽肥开始至4月下旬共施4次肥，亩施氮、磷、钾复合肥160千克，尿素48千克，肥害伤根，新梢不长。

（三）单肥种超量施用

浙江嘉兴醉金香葡萄无核化栽培，不少园年亩施用氮、磷、钾复合肥超过200千克。

浙江嘉兴一农户藤稔葡萄园，连续3年施鸡粪5 000千克，肥害严重，挖根调查基本没有新根，翻掉重种。

上海奉贤区金山卫镇一片藤稔、无核白鸡心葡萄园，亩施过磷酸钙300千克。

（四）一次超量施肥

浙江嘉兴地区不少葡萄园一次性亩施氮、磷、钾复合肥50千克或一次性亩施钾肥40千克，有的一次性亩施氮、磷、钾复合肥50千克加钾肥40千克。

浙江台州一块藤稔葡萄园，长势偏弱，果农想使树长得好些，一次性在雨后施尿素40千克，适得其反，有些树因肥害死亡。

（五）不分品种需肥特性相同用肥量

笔者调查中发现，一个葡萄园种若干品种，基本相同用肥量，尤其是新种植的果农。表现在：

1.不分品种总需肥特性施肥 葡萄品种很多，按需肥特性分为较耐肥品种、中肥品种和控肥控氮品种。需肥较少的夏黑、美人指等品种，与需肥较多的红地球葡萄相同用肥量，种不好夏黑、美人指葡萄长。

2.不分品种坐果特性施肥 坐果差的巨峰、峰后、信侬乐、早甜等品种与坐果较好的品种相同用肥量，使易落果的品种年年坐果不好。

3.不分无核果是否易产生的特性施肥 花前树势长得好易导致无核果的巨峰、鄞红葡萄等品种，花前应控肥控氮，如与不易

产生无核果的藤稔等品种相同施肥量，则落果重，无核小果多，效益降低。

4.不分砧木长势特性施肥 嫁接栽培砧木品种很多，砧木长势分强势砧木、中庸砧木、弱势砧木。生产上较普遍存在不根据砧木长势特性施肥，仅根据接穗品种施肥的现象。强势砧木SO4砧、5BB砧、华佳8号砧嫁接苗施肥超量导致长势更旺，影响坐果，诱发病害，果品质量下降。

二、超量用肥害处

（一）推迟成熟

各种表现的超量用肥，均会导致着色推迟，成熟推迟。调查分析，相同品种、相同产量、相同管理，每亩氮素肥料多施2.5千克，成熟期晚5天。

红地球葡萄全年氮素用量70多千克，着色慢、成熟晚（浙江海盐，2011.08.07）

（二）土壤溶液浓度过高，肥害伤根

据研究，肥料溶解于土壤水中才能被根系吸收，土壤溶液浓度0.3%左右，葡萄根系能正常吸收土壤溶液中的矿质元素；若土壤溶液浓度上升至0.4%～0.5%，会引起葡萄生长不良；土壤溶液浓度上升至0.5%～1.0%，对钙的吸收受阻，导致叶片变褐；总盐

浓度达1.0%以上，葡萄发生直接的浓度障碍，严重伤根甚至全株枯萎。全年用肥超量、单肥种超量、一次用肥超量均会造成土壤溶液浓度过高，导致肥害伤根，加重落果。

红地球葡萄：冬施鸡粪5吨，严重伤根，新梢生长不良（浙江龙游，2012.04.20）

红地球葡萄：壮蔓肥亩施复合肥25千克，尿素10千克，长势过旺坐果差（浙江海盐，2012.05.04）

（三）肥料利用率降低，污染环境

全年用肥超量、单肥种超量、一次用肥超量，葡萄吸收不了那么多肥料，肥料利用率降低。据有关资料，我国氮肥利用率40%以下，磷肥利用率仅20%左右，比欧美及日本等发达国家低得多。

超量用肥，葡萄吸收不了的肥料，如大量矿质元素，尤其氮、磷元素流入江、河、湖泊中，污染水环境，不仅影响鱼、虾、蟹等水产生物的生长与生存，而且影响人类健康。

（四）树体生长不协调，病害加重，果品质量下降

超量用肥，尤其超量施用氮素肥料，如没有产生肥害伤根，也会导致蔓叶徒长，有的园甚至“疯长”，节间长，叶片大。

这种园花期前后蔓、叶徒长，花序在茂密的叶幕下不见光，容易诱发灰霉病和穗轴褐枯病，坐果较好的品种也会导致较重的落花落果，甚至会诱发花蕾霜霉病。

果实易日灼的品种遇气温32℃以上高温天气，果实易日灼。

果实易裂果的品种会加重裂果。

果实第二膨大期会诱发果实白腐病、炭疽病，果实着色差，含糖量下降。

较抗白腐病的夏黑葡萄，施用氮肥偏多，果穗白腐病早发（浙江海盐，2013.06.26）

嘉兴林建忠葡萄园：温克葡萄超量施肥，白腐病重发（2010.11.05）

（五）增加施肥成本

调查发现，施肥不讲成本的情况较普遍，亩肥料成本较普遍超过2 000元/年，有的超过3 000元/年。

三、科学施肥量的确定

施肥量适当，各品种树体生长正常，表现出该品种的应用特性，枝蔓不徒长、不快长，不太弱；果粒达到该品种较大的粒径，着色、成熟正常，可溶性固形物含量较高，口感较好，品质较优。

（一）按品种需肥特性施肥

葡萄品种间对肥料需求相差较大，要按品种需肥特性施肥。品种需肥特性可分为三类：

1. 需肥较多的品种　一是常规栽培需肥较多，如红地球葡萄。二是有核品种无核栽培需肥较多，如阳光玫瑰、醉金香葡萄等。三是大果、超大果栽培需肥较多，如藤稔葡萄。

实验园红地球葡萄

实验园藤稔葡萄超大果栽培

实验园阳光玫瑰葡无核栽培

实验园醉金香葡萄无核栽培

2. 需肥较少的品种 凡长势旺的品种属这一类。

欧美杂种：如夏黑、早夏无核、无核早红、金星无核葡萄等。

欧亚种：如美人指及有美人指血统的品种、里扎马达、红乳、秋红、克伦生无核、郑果大无核、红宝石无核葡萄等。

注意：前期控氮品种不属于需肥较少的品种，如巨峰、鄞红葡萄等。这类品种属于需肥中等的品种。

实验园夏黑葡萄

实验园美人指葡萄

3.需肥中等的品种 除需肥较多的品种和需肥较少的品种外，多数品种属这一类。

欧美杂种：不搞无核栽培的巨峰、醉金香、巨玫瑰、鄞红葡萄等，不搞超大果栽培的藤稔葡萄等。

欧亚种：如比昂扣、大紫王、红芭拉多、夏至红葡萄等。

实验园巨玫瑰葡萄

实验园比昂扣葡萄

实验园大紫王葡萄

前期控氮的品种：坐果不好品种如巨峰葡萄，易产生无核果的品种如鄞红葡萄等，控制开花前氮素肥料施用，有机肥料基施减半，催芽肥不施氮素和含氮复合肥的肥料，使开花前新梢中庸生长，有利提高坐果率，减少无核小果。

巨峰葡萄

鄞红葡萄

（二）要根据树体长势施肥

树的长势能反映出品种需肥特性、葡萄园土壤肥力、施用肥料种类、种植者施肥习惯和经验。

葡萄肥料施用是否科学、合理，主要看蔓、叶、果生长是否协调。氮肥施用偏多，蔓、叶生长旺盛，影响果实膨大；氮肥施用偏少，枝蔓生长慢，叶片小，影响果实膨大；磷肥施用偏多，影响其他元素吸收，影响蔓、叶、果生长。

树的长势主要看新梢生长速度和副梢发枝力。

开始坐果前，新梢生长快，节间较长是徒长，表明氮素施肥量偏多。

开花坐果后，顶端新梢长得较快，副梢长得也较快，表明氮素施肥量偏多。

1.新梢生长要求 开花前不徒长，开花坐果后不快长。

（1）开始开花时不摘心的新梢长度 南方大棚栽培多数品种80厘米左右，巨峰、鄞红等落果较重，易产生无核小果的品种75厘米左右；夏黑、早夏无核、美人指等节间较长的品种85厘米左右。超过这个长度10%属徒长。

（2）坐果后果实第一膨大期顶端新梢生长速度 多数品种7天生长3 ～ 4厘米，红地球、秋红、大紫王、美人指等长势旺的品种7天生长5 ～ 7厘米，视为正常生长；少于这个生长量视为生长偏慢；多于这个生长量视为生长偏快。

（3）果实第二膨大期顶端新梢生长速度 多数品种7天生长2 ～ 3厘米，红地球、秋红、大紫王、美人指等长势旺的品种7天生长3 ～ 5厘米，视为正常生长；少于这个生长量没有关系，有利果实膨大；多于这个生长量视为生长偏快。

（4）果实膨大期顶端新梢停止生长 表明树体偏弱，会影响果实膨大。

2.叶片生长要求 葡萄叶片大小因品种而异，分为特大型叶、大型叶、中型叶、小型叶。从第三片叶开始叶片大小表现出该品

种应有性状，视为正常生长；叶片大一个类型视为徒长；叶片小一个类型视为树势偏弱。

3.蔓叶徒长、快长的危害

（1）开花前蔓叶徒长危害　易诱发花期病害，易导致开花前、开花期落蕾，坐果期落花、落果重，无核小果多。

（2）坐果后果实膨大期蔓叶快长危害　易诱发果实白腐病、炭疽病，叶片、花蕾、果实霜霉病，影响果实膨大，加重果实日灼、裂果、烂果，影响着色，降低含糖量，推迟成熟。

4.果实生长要求　坐果后果实膨大速度表现该品种特性，视为正常膨大；慢于该品种特性视为膨大偏慢，快于该品种特性表明促果实膨大措施到位，是好事。

开花前、开花期落蕾，坐果不好，无核小果多，花期病害重，果实发生白腐病、炭疽病，叶片、花蕾、果实霜霉病多发，果实日灼、裂果、烂果多，着色慢，含糖量低，成熟迟等，都是管理不当造成，主要原因是氮肥偏多，蔓叶徒长、快长。

（三）全年施肥量参考值

1.需肥较多的品种

全年施肥量参考值：氮（N）30 ~ 35千克，磷（P_2O_5）25 ~ 30千克，钾（K_2O）35 ~ 40千克。

肥料施用量参考值：畜、禽肥1 500千克左右，氮、磷、钾复合肥50 ~ 60千克，钾肥50千克。尿素视土壤肥力、树的长势、挂果量酌情施用，磷肥不必施。

2.需肥较少的品种

全年施肥量参考值：氮（N）20 ~ 25千克，磷（P_2O_5）20千克左右，钾（K_2O）25 ~ 30千克。

肥料施用量参考值：畜、禽肥500 ~ 750千克，氮、磷、钾复合肥20 ~ 30千克，钾肥30千克。尿素不施，磷肥不必施。

3.需肥中等的品种

全年施肥量参考值：氮（N）25 ~ 30千克，磷（P_2O_5）25千克左右，钾（K_2O）30千克左右。

肥料施用量参考值：畜、禽肥1 000千克左右，氮、磷、钾复合肥40 ~ 50千克，钾肥40千克。尿素视土壤肥力、树的长势、挂果量酌情施用，磷肥不必施。

肥水一体化栽培中，按氮、磷、钾含量计算，不要超量施用。

四、实验园减肥栽培实践

2014年12月23日对葡萄实验园土壤肥力进行了测定，测定结果：有机质含量4.36%，全氮含量2.72克/千克，有效磷293.8毫克/千克，速效钾601毫克/千克。属土壤肥力好的园，有机质含量比中等土壤肥力的园高1倍左右。

（一）实验园施肥调减实践

栽培实践中氮素肥料不断调减。以藤稔葡萄为例：

1. 20世纪90年代大肥栽培

藤稔葡萄（巨峰砧）。氮（N）、磷（P_2O_5）、钾（K_2O）施用量：

1993年：59.2千克，32.5千克，43.2千克。

1994年：71.1千克，43.7千克，48.4千克。

1995年：51.9千克，33.4千克，39.9千克。

2. 21世纪前10年代中肥栽培

藤稔葡萄（巨峰砧）。施肥量调减较多，氮（N）、磷（P_2O_5）、钾（K_2O）施用量：

2002年：36.8千克，30.4千克，37.5千克。

2003年：37.8千克，38.3千克，45.6千克。

2004年：37.8千克，38.3千克，50.6千克。

3. 2014—2016年减肥栽培　藤稔葡萄（强势砧木华佳8号）每年氮（N）、磷（P_2O_5）、钾（K_2O）施用量为：23.3千克，18.7千克，31.2千克。

（二）实验园减肥栽培实践

实验园根据各品种需肥特性，研究科学平衡施肥。在施肥实践中根据出现的问题，不断调整施肥理念和各种肥料施用量，至2014年施肥量调减较多，2015年、2016年继续按2014年施肥量，葡萄产量稳定，果实质量较好，蔓、叶果生长较协调，视为较合理的施肥量。

现根据品种需肥特性和树体生长情况将品种按需肥量多少，分为3类。

1.需肥量较多的品种 如红地球、阳光玫瑰葡萄。

目标亩产量：1 750千克。

亩施肥量：生物有机肥1 000千克，尿素25千克，氮、磷、钾复合肥40千克，硫酸钾35千克，硫酸镁25千克，硼砂4千克。折纯氮32.5千克，五氧化二磷21千克，氧化钾33.5千克。亩肥料成本930元。

实验园：阳光玫瑰葡萄（2016.08.29）

实验园：红地球葡萄（2015.07.30）

2.需肥量中等或偏多品种 如藤稔（华佳8号砧）、醉金香（SO4砧）、大紫王、巨玫瑰、比昂扣、红芭拉多、金手指等多数品种。

目标亩产量：藤稔、醉金香、大紫王、鄞红葡萄1 750千克，巨玫瑰、红芭拉多、比昂扣葡萄1 500千克，金手指葡萄1 250千克。

亩施肥量：生物有机肥1 000千克，尿素10千克，氮、磷、钾复合肥25千克，硫酸钾35千克，硫酸镁25千克，硼砂4千克。折纯氮23.3千克，五氧化二磷18.7千克，氧化钾31.2千克。亩肥料成本约830元。

实验园：藤稔（华佳8号砧）超大果栽培（2014.08.02）

实验园：醉金香（SO4砧）无核栽培（2014.08.02）

3.需肥量少的品种　如夏黑、早夏无核、美人指、金田美指及美人指系品种。

目标亩产量：美人指、金田美指1 750千克，夏黑、早夏无核1 250千克。

亩施肥量：生物有机肥500千克，尿素5千克，氮、磷、钾复合肥25千克，硫酸钾35千克，硫酸镁25千克，硼砂4千克。折纯氮13.5千克，五氧化二磷11.2千克，氧化钾26.2千克。亩肥料成本约570元。

实验园：早夏无核葡萄（2014.06.24）

实验园：金田美指葡萄

特别提示：2014—2016年实验园各栽培品种施肥量都比较少，是因实验园土壤肥力较好，不能套用实验园的施肥量。应根据各自葡萄园土壤肥力状况、种植品种、上一年施肥情况、当年树体长势和长相，选用肥料种类和确定施肥量。

（三）强化叶面肥使用

实验园三类品种均用海绿肥1 000倍液叶面喷用4次，亩用海绿肥250毫升左右。

开花前使用2次：第一次使用要早，新梢长15 ～ 20厘米就要使用，使叶片较早增厚、转绿；隔15天左右，在开花前使用第二次。

坐果后使用2次：坐好果，将海绿肥与果蔬移动钙、喹啉铜农药混用，叶幕、果穗喷1次；隔15 ～ 20天，叶幕、果穗再喷1次。

认真用好4次海绿肥，全生长期叶色绿，叶片厚，有效提高光合效率，增加叶片光合营养积累。

实验园：开花前叶幕喷海绿肥2次，坐果后叶幕喷海绿肥2次

五、转变观念，改变习惯，逐步减少施肥量

大肥栽培、多氮栽培各葡萄产区较普遍存在，并已形成习惯，较难改变。有的果农减少施肥量怕蔓、叶长不好，果实不膨大，明知道大肥栽培存在病害多、裂果重、成熟晚、多用工、难管理等问题，但观念难转变，年年大肥栽培、多氮栽培。

葡萄施肥上要转变观念，改变习惯，逐步调减施肥量，有效的办法果农自己实践。

浙江海盐县于城镇三联村陈佩红，根据其红地球葡萄大肥栽培情况，2013年笔者与他协商，红地球园安排一行葡萄进行不施肥试验，如发现问题来电，他同意，并认真实施。

试验结果：产量相同，果粒大小基本一致，病害轻，成熟早，用工省，管理较容易。由于销售较早，每千克果实多售1元，亩产值增加1 000多元。

陈佩红从2014年开始，红地球葡萄园亩施用氮、磷、钾复合肥从120千克减至50千克，蔓、叶、果生长正常。

种葡萄的朋友，特别是大肥栽培的朋友，你可采用陈佩红的方法，在葡萄园安排一行或一块园进行少用肥料试验，但要根据试验葡萄园施肥情况确定施肥量减少试验，并根据试验结果确定下一年施肥减少量。这样你的观念会转变，你的习惯会改变。不信试试看。

第八章
主干环剥促着色

如何使葡萄果实提早成熟，葡萄界和广大葡萄种植者都很关注。现在多重点放在催红剂的研究和应用上，对通过栽培措施使果实提早成熟研究和关注不够。

实验园在较全面研究葡萄促早熟栽培中，发现硬核期主干环剥促早熟效果不差于使用催红剂，而且安全。

实验园于20世纪90年代后期就开始进行硬核期主干环剥促早熟实践与研究，各种熟期的品种硬核期主干环剥均表现出促早熟效果显著。进入21世纪利用各种机会推广硬核期主干环剥促早熟技术。浙江嘉兴地区硬核期主干环剥促早熟技术应用较多，中熟品种藤稔、醉金香葡萄双膜覆盖栽培5月底开始上市销售葡萄均采用硬核期主干环剥促早熟技术；浙江台州市路桥区、温岭市双膜覆盖栽培夏黑葡萄5月10日开始上市销售，藤稔葡萄5月20日开始上市销售，均采用硬核期主干环剥促早熟技术。

从全国看，硬核期主干环剥促早熟技术应用得不多，本书单列一章目的就是为了引起葡萄界和广大葡萄种植者重视。

一、环剥三个时期与作用、环剥部位

（一）环剥三个时期与作用

1.开始开花期环剥 能提高坐果。

2.果实开始膨大期环剥 能促使果实膨大。

3.硬核期环剥　能使着色整齐，提早成熟。生产上应用较多。

（二）环剥部位

1.主干环剥　生产上应用较多，省工，重点推广。

2.结果母枝环剥　费工，生产上难应用。

3.结果枝环剥　费工，生产上难应用。

二、促着色提早成熟环剥时期和部位

（一）促着色提早成熟环剥时期和部位

1.环剥部位　主干任何部位。一株树环剥一次较省工。

2.环剥适期　硬核后期。

红色、紫红色、黑色等有色品种：一块葡萄园第一串葡萄开始着色为环剥适期。

绿黄色品种：果实开始变软为环剥适期。

（二）不同熟期品种开始开花至环剥期天数参考值

1.早熟品种　如夏黑、早夏无核葡萄，开始开花45 ~ 50天环剥，能提早成熟7 ~ 10天。

2.中熟品种　如巨峰、藤稔、鄞红、醉金香、巨玫瑰、金手指等葡萄，开始开花55 ~ 60天环剥，能提早成熟10天左右。

3.晚熟偏早品种　如阳光玫瑰、红地球、大紫王、美人指等葡萄，开始开花60 ~ 70天环剥，能提早成熟10 ~ 15天。

4.晚熟品种　如温克、比昂扣、秋红等葡萄，开始开花65 ~ 75天环剥，能提早成熟10 ~ 15天。

超过适期后10天环剥促早熟效果不明显，超过适期后15天环剥促早熟无效果。

三、环剥促着色提早成熟效果

（一）实验园环剥对比试验

1. 早熟品种夏黑葡萄 生产中，如产量偏高，果穗偏大，氮肥偏多，只能着红色，成为夏红葡萄。如进行主干环剥，则能促进着黑色，环剥比不环剥还能提早成熟7 ~ 10天。因此，夏黑、早夏无核葡萄必须进行环剥促着色。

实验园：夏黑葡萄右边2串果未环剥，左边7串果环剥对比

实验园：夏黑葡萄左边果环剥，右边果未环剥对比（2012.06.29）

2. 中熟品种新星无核葡萄 主干进行环剥比不环剥提早成熟7 ~ 10天。

实验园：新星无核葡萄环剥果穗（左）与未环剥果穗（右）对比（2013.07.27）

3.中熟品种鄞红葡萄 产量偏高只能着浅紫红色，环剥能着深紫红色。环剥比不环剥还能提早成熟10天左右。

实验园：鄞红葡萄环剥果穗（左）与未环剥果穗（右）对比（2013.08.02）

4.晚熟偏中熟品种新美人指葡萄 环剥比不环剥提早成熟10天左右。

5.晚熟偏中熟品种红地球葡萄 环剥比不环剥提早成熟10～15天。

实验园：新美人指葡萄环剥与否对比：左1串果穗环剥，右4串果穗未环剥（2013.07.27）

实验园：红地球葡萄主干环剥促早熟效果，左：未环剥，右：环剥（2009.08.25）

6.晚熟品种东方之星葡萄 环剥比不环剥提早成熟10～15天。

7.晚熟品种秋红葡萄 环剥比不环剥提早成熟10～15天。

8.晚熟品种温克葡萄 温克葡萄进行南方大棚栽培着色较差，主干环剥是促温克葡萄着色的关键技术。实验园进行了多年对比试验，主干适时环剥能着好色，不环剥较难着色。

实验园：东方之星葡萄主干环剥促早熟效果，右1串果穗环剥，左2串果穗未环剥（2013.08.29）

实验园：秋红葡萄主干环剥促早熟效果，柱右边果穗环剥，柱左边果穗未环剥（2013.08.04）

实验园：温克葡萄主干环剥促早熟效果，右：4穗环剥，左：未环剥（2015.08.29）

（二）生产园环剥效果

1.浙江嘉兴秀州区陈正辉葡萄园 种植夏黑葡萄5亩，双膜覆盖栽培，2015年12月26日封膜，2016年3月18日开始开花，5月3日即开始开花45天开始主干环剥，共环剥5天，留一行葡萄不环剥作对照。

环剥树5月29日开始在嘉兴水果批发市场上市，每千克果实售价16元，至6月12日基本售完。不环剥的一行6月7日开始上市销售，至6月18日基本售完，每千克果实售价14元。环剥比不环剥提早成熟8天，亩增值2 000元左右。

浙江嘉兴秀州区陈正辉葡萄园：夏黑葡萄主干环剥，5月29日开始上市销售（左），主干未环剥这一行6月6日还不能上市销售（右）

浙江海盐朱利良葡萄园：红地球葡萄主干环剥促早熟效果，左：不环剥，右：环剥（2009.08.25）

2.浙江海盐朱利良葡萄园 红地球葡萄主干环剥促早熟试验，同一行葡萄一株主干环剥，成熟期比不环剥株提早10天。

3.浙江杭州市富阳区章中焕葡萄园 夏黑葡萄环剥株比不环剥株提早成熟8天左右。

浙江杭州市富阳区章中焕葡萄园：夏黑葡萄开始开花46天主干环剥，果实已着色（左），没有环剥果实刚开始着色（右）（2016.06.17）

四、环剥技术

（一）环剥口宽度和环剥深度

1.环剥口宽度 促着色环剥，环剥口宽根据主干径粗定，一般为主干径粗的1/8，最宽不能超过主干径粗的1/5。通常小树0.3厘米左右，大树0.5～1厘米。环剥口超宽，严重的当年要死树，即使当年不死树，第二年生长也不良。环剥口也不能太窄，否则促早熟效果不好。

检验环剥口是否适当，以环剥口愈合情况定。环剥后10～20天内愈合较好，表明环剥口宽度合适；环剥后超过20天还没有愈合好，表明环剥口宽度不合适；环剥口一直没有愈合好，表明环剥口太宽，易导致死树。环剥后10天内愈合较好，表明环剥口太窄，效果不好。

2.环剥深度 以刀切至木质部并未伤及木质部为宜。切伤木质部易导致死树。

（二）环剥方法与工效

用比较锋利的刀按环剥口宽度环切2圈，切深至木质部，将环剥口皮层全部剥掉。一般8小时可环剥500株左右，浙江慈溪一果农一天环剥1 000株。

实验园：夏黑、早夏无核、阳光玫瑰葡萄主干环剥促着色

调查中发现，没有环剥过的果农，仅环剥外部的老皮，老皮内的一层皮没有剥掉。如仅剥除老皮等于没有环剥，促早熟没有效果。要剥掉2层皮。

实验园：藤稔、巨玫瑰、醉金香葡萄主干环剥促着色

实验园：红地球、超大粒红地球、美人指葡萄主干环剥促着色

实验园：比昂扣、红乳、温克葡萄主干环剥促着色

（三）注意事项

（1）树势好年年可环剥，但一年不能环剥2次。树势偏弱不宜环剥，否则会导致死树。

（2）高产园不宜环剥，如产量超2 000千克高产园不宜环剥，因效果不明显。

（3）易受涝葡萄园环剥要慎重。

（4）环剥口不能过宽，不能伤木质部，否则均会导致死树。

（5）环剥口不能留残皮。

（6）环剥好后供一次水，促使环剥口愈合。

（7）环剥口最好用塑膜带封住，尤其杂草多、虫害多的园，害虫伤木质部会死树。

浙江温岭陈筐森葡萄园：巨峰葡萄主干环剥，环剥口愈合好特征

藤稔葡萄主干环剥口太宽，葡萄已开始上市销售环剥口尚未愈合好

江苏张家港徐卫东葡萄园：环剥口缚塑料膜

实验园：阳光玫瑰葡萄环剥好即浇水

（四）环剥存在的问题

1.环剥时期没有掌握好　发现有一个自然村，一户开始环剥，其他户也跟着环剥。各户种植品种不同，开花期不一致，环剥期也不一致，同一时期环剥效果不一样，过早环剥和过晚环剥均影响效果。

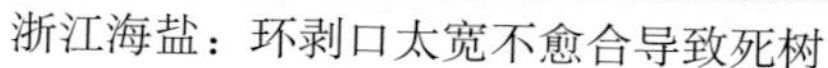

浙江海盐：环剥口太宽不愈合导致死树

2. 环剥没有按要求操作

（1）环剥口太宽导致死树，环剥口太窄影响效果。

（2）环剥口太深，伤及木质部导致死树。

（3）仅剥外层老皮，老皮内的一层皮没有剥掉无效果。

重庆九龙坡：主干环剥伤及木质部，第二年仍生长弱，不挂果

浙江海盐：环剥口太宽，环剥后受涝淹水导致死树，全园死树达52%

藤稔葡萄环剥口太宽死了一株树

五、推广主干环剥促着色技术

进入21世纪，海盐县农业科学研究所通过实验园示范，一年定期办6次葡萄培训班，以及杨治元到外地授课等，使主干环剥促着色技术逐步在海盐及浙江南部地区推广应用。

浙江嘉兴王店镇示范推广主干环剥促着色技术（2016.05.03）

浙江杭州富阳区章中焕到实验园学习主干环剥技术（2016.05.26）

海盐农业科学研究所王其松在浙江遂昌三仁乡涂海军园指导主干环剥技术（2016.06.23）

第九章 增加果穗部位光照促着色

实验园经多年观察，果穗进入着色期，果穗受光越好着色越好，促早熟效果越好。实践和研究中发现，红地球葡萄果实是靠直射光着色的品种，并总结出了红地球葡萄果穗增加受光量促果实着色的一套技术。

增加果穗部位光照促着色尚未引起葡萄界和广大果农的重视，现独立或章编入本书，目的是引起葡萄界和广大果农关注。

一、影响果穗光照的因子

经多年观察，影响葡萄果穗光照因子如下：

1. 果穗套袋 套袋期白色纸袋果穗光照减少60%左右，红地球葡萄套袋期着色很慢。

2. 叶幕遮果 叶面积指数超过2.5，即每亩叶面积超过1 660米^2，果穗受光量较少，果穗着色较差。

3. 叶片贴果 红地球葡萄叶片贴在果穗上，被贴的部位难着色。

4. 果穗相碰 红地球葡萄两串果穗在一起，相碰的果面难着色。

二、提高果穗受光量促着色

（一）葡萄围网防鸟果穗不套袋

南方葡萄采用设施栽培防鸟食果时，大棚四周和两棚中间可进行围网防鸟，果实不进行套袋，以果穗增加受光量，有利着色。在其他条件都一致的前提下，果实不套袋比套袋提早成熟7天左右。

红地球葡萄鸟类食害状（2011.09.04）

大紫王葡萄鸟类食害状

实验园：红地球、早夏无核、阳光玫瑰葡萄围网防鸟果穗不套袋（2015.06.23）

南方设施栽培葡萄果穗套袋，减少了果穗光照度，影响果穗着色，推迟成熟。实验园于2003年测定晴天各种果袋内光照度：白色纸袋8 350勒克斯，报纸袋450勒克斯，不套袋19 500勒克斯，白色纸袋内光照度比不套袋果穗光照度减少11 150勒克斯，着色慢，成熟期推迟7天左右。因此，促早熟栽培果穗不套袋，大棚四周和两棚中间围网防鸟害，以达到促早熟目的。

大棚葡萄围1厘米网眼的网，可防金龟等较大型害虫和鸟类进入

（二）叶幕要有较好的透光度促果穗着色

各种架式如定梢太密，叶幕透光差，严重影响果穗着色，推迟成熟。

水平棚架亩定梢量不宜超过3 200条，果实着色期叶幕透光率不宜低于20%。

V形叶幕按叶片大小定梢，大叶型品种如藤稔、醉金香等葡萄，梢距20厘米，亩定梢2 500条左右；中叶型品种如巨峰葡萄，梢距18厘米，亩定梢2 800条左右；小叶型品种如维多利亚、金手指葡萄，果实易日灼的红地球葡萄等梢距16厘米，亩定梢3 300条左右。

浙江海盐武原街道惠忠农场：夏黑葡萄蔓叶密，光照弱，着色差，成熟晚（2016.07.18）

叶面积指数依据年日照时数定，南方多数地区年日照时数1 500 ～ 1 800小时，叶面积指数以1.8左右为宜，如超过2会影响着色，推迟成熟。成都、重庆、贵阳三地年日照时数1 000小时左右，叶面积指数以1.5左右为宜。定梢量也不宜太少，否则会降低全园光合产物的积累，影响果实质量。

江苏东台：大紫王葡萄V形架亩定梢4 000条，花期病害重，坐果差，不透光，成熟晚（2010.06.24）

浙江义乌：维多利亚葡萄亩定梢4 300条，2蔓扎在一起，不透光，成熟晚（2011.04.26）

安徽宣城：夏黑葡萄水平棚架，亩定梢4 000多条，中部花序不见光，灰霉病重，四周花序见光坐好果，全园成熟晚（2011.05.24）

浙江仙居：于梅红地球葡萄亩定梢5 040条，亩留穗3 048串，透光弱，着色差，成熟晚（2015.06.03）

浙江临安：巨峰葡萄定梢太多，着色差，成熟晚（2016.04.13）

（三）适时摘除基部3张叶片促果穗着色

1.适时摘除基部3张叶片的好处

(1) 果穗部位光照好，有利着色增糖。

(2) 果穗部位通风透光好，有利减轻果实病害。

(3) 减少基部叶片营养消耗，有利树体营养积累。

2.摘除基部3张老叶片合适时期　摘除基部叶片最适宜时期：基部叶片刚成为“寄生叶”或“消耗叶”时，即葡萄展叶后100 ~ 110天，一般可在萌芽后110天左右。

果实易日灼成熟较晚的红地球、美人指、大紫王等葡萄，摘基部叶片要在硬核期之后，可在果实开始着色时摘基部叶片为宜。

早熟品种如夏黑葡萄，宜于萌芽后110天左右摘基部叶片，不宜按开始着色时摘基部叶片。

实验园：夏黑、巨玫瑰、红地球葡萄摘除基部3张叶片（2011.06.08/06.21/06.21）

浙江嘉兴陈剑民葡萄园：醉金香葡萄摘除基部3张叶片（2012.05.25）

浙江海盐林爱芬葡萄园：红地球葡萄摘基部叶片（2010.07.12）

实验园：红地球、红乳葡萄摘基部叶片后的果穗均外露

实验园：红地球葡萄适时摘基部3张叶片果穗着色好（2009.09.07）

实验园：红地球葡萄不摘基部叶片果穗着色差（2009.09.07）

云南丘北县李彩标葡萄园：70亩红地球葡萄大棚栽培，适时摘基部叶片果穗着色好（2011.08.12）

四川彭山县杨志明葡萄园：红地球葡萄避雨栽培适时摘基部叶片，果穗着色好（2011.09.17）

特别注意：醉金香葡萄等果皮较薄品种，要根据架式确定是否摘基部叶片。采用V形水平架，不宜摘除基部叶片。实验园连续3年实践，摘除基部叶片，果穗肩部太阳晒到的果粒会干瘪，以不摘除为宜；双十字V形架应摘除基部叶片。

实验园：醉金香葡萄V形水平架不摘基部叶片（2013.06.04）

实验园：醉金香葡萄双十字V形架应摘基部叶片（2013.06.06）

3.生产上对基部叶片的处理有2种不妥当的做法

（1）不摘除茎部叶片　多数葡萄园不摘除基部叶片，使“寄生叶”或“消耗叶”继续消耗营养，减少树体营养积累。

（2）开花前就摘除基部3张叶片　少数葡萄园在开花前摘除基部3张叶片，目的是减轻灰霉病发生。但这3张叶片对花序发育作用较大，因这3张叶片正处在光合作用效能较好时期，制造的营养物质主要供给花序发育和幼嫩叶片的营养需要。

嘉兴南湖区徐中明葡萄园：巨峰葡萄开花前摘除基部4张叶片（2014.05.30）

浙江海盐沈和兴葡萄园：红地球葡萄基部叶片一直不摘除（2010.09.04）

（四）增加棚内果穗光照促果穗着色

1.整理叶幕增加棚内光照　果实进入着色期叶幕已布满架面，

果穗受光量很少，影响着色推迟成熟。应根据叶幕情况整理叶幕，其办法：V形架顶高叶幕使果穗受光有利着色；两边顶端叶幕已相碰，及时剪除两行间顶端新梢，形成“一线天”光照带，有利果穗着色；水平棚架果穗进入着色期，架面郁闭，要果断剪除过密部位新梢。

浙江海盐金利明葡萄园：夏黑葡萄及时抹除顶梢，两行葡萄间形成“一线天”，增加棚内光照，促使着色（2014.07.08）

2.V形架顶高叶幕使果穗受光有利着色 浙江海盐唐全林红地球葡萄园，果实开始着色期将双十字V形架叶幕推高，果穗受光好，着色好。

海盐唐全林红地球葡萄园：上横梁拉丝推高固定在吊丝上，进入着色期全行叶幕推高，果穗受光好，着色好（2010.09.05）

浙江海盐陆建根夏黑葡萄园：果实开始着色期用木棍将双十字V形架叶幕推高，果穗受光好，促使着色（2014.07.07）

（五）红地球葡萄增加每个果穗受光量促着色

红地球葡萄靠直射光着色，南方不受光果粒难着色。根据情况促果穗着色的方法：穗重1 500克以上的大果穗，外部已着色，将中部尚未着色部位翻至外面，使其受光促这些果粒着色，称翻穗；穗重2 000克以上超大果穗吊分枝，促果穗中部着色，称吊穗；相碰果穗用塑料带将果穗拉开促相碰果粒着色；叶片贴在果穗上将叶片移位，促贴叶部位果粒着色。

1. 大果穗翻穗，超大果穗拉吊分枝 使果穗中部增加受光量，促果穗中部着色。否则果穗中部果粒不着色，或着色较差，出现“翻白肚”现象。

红地球葡萄大果穗着色中期翻果穗促中部果粒着色

红地球葡萄特大果穗开始着色期拉吊分枝促着色

2. 相碰果穗用塑料带将果穗拉开 两串果穗相碰，果穗着色前用塑料带将其中一串果穗拉开，使果穗间距离超过8厘米，这样2串果穗均全穗正常着色。

实验园：红地球葡萄相碰果穗用塑料带将果穗拉开促着色（2014.07.14）

浙江海盐冯云良葡萄园：红地球葡萄相连果穗用塑料带拉开，果穗着色均匀

3.叶片贴在果穗将叶片移位，使全穗着色 叶片贴在果穗上，着色前将叶片移位，使全果穗受光。否则叶片贴着果穗部位难着色。

实验园：红地球葡萄叶片贴在果穗上，将叶片移位促着色（2014.07.14）

图书在版编目（CIP）数据

彩图版葡萄促早熟栽培配套技术 / 杨治元，陈哲，王其松编著．—北京：中国农业出版社，2018．5(2022．8重印)
(受欢迎的种植业精品图书)
ISBN 978-7-109-24007-0

Ⅰ．①彩… Ⅱ．①杨… ②陈… ③王… Ⅲ．①葡萄栽培 Ⅳ．①S663.1

中国版本图书馆CIP数据核字（2018）第056665号

中国农业出版社出版
（北京市朝阳区麦子店街18号楼）
（邮政编码 100125）
责任编辑 孟令洋 郭晨茜

北京通州皇家印刷厂印刷 新华书店北京发行所发行
2018年5月第1版 2022年8月北京第3次印刷

开本：880mm × 1230mm 1/32 印张：5.375
字数：150 千字
定价：35.00 元
（凡本版图书出现印刷、装订错误，请向出版社发行部调换）